mathe 2000

Das Zahlenbuch 4

von Erich Ch. Wittmann und Gerhard N. Müller

Unter Beratung von

Judith Ames, Landau; Claudia Anduleit, Weilrod; Melanie Bischoff, Bochum; Nina Drechsler, Köln; Dorothee Fauteck, Tübingen; Torsten Fritzlar, Halle (Saale); Christine Fürch, Waiblingen; Astrid Gebert, Zernien; Michael Gierse, Grevenbroich; Cathrin Gomann, Heidelberg; Ursula Görlich, Wildberg; Daniela Götze, Anröchte; Heike Hahn, Floh-Seligenstadt; Astrid Haßelkus, Bad Oldesloe; Brigitta Hering, Hamburg; Till Hübscher, Dortmund; Melanie Loock, Schwerte; Miriam Lüken, Hannover; Andreas Moritz, Großefehn; Ute Planz, Rottenburg; Tanja Reines, Vallendar; Simone Reinhold, Hannover; Kathrin Riedel, Leipzig; Wolf-Rüdiger Rink, Osnabrück; Ulrich Schwätzer, Dortmund; Angela Sommerlatte, Berlin; Claudia Trawny, Hamburg; Karla Winkler, Weilrod; Rudi Wolff, Rüdesheim; Gudrun Wrage, Bargteheide

Inhaltsverzeichnis

Wiederholung und Ausblick

·	6	4	
7	42	28	70
3	18	12	30
	60	40	100

Multiplikation und Division im Tausenderraum

Orientierung im Millionraum

Addition und Subtraktion im Millionraum

3 4 7 6 5
\+ 1 2 0 8 9

Multiplikation und Division im Millionraum

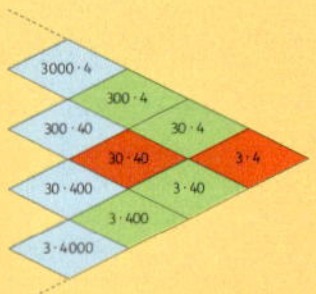

Ausgewiesene inhaltsbezogene Kompetenzbereiche: ■ Zahlen und Operationen ■ Raum und Form ■ Größen und Messen, Sachrechnen ■ Daten, Häufigkeit und Wahrscheinlichkeit. Der Bereich Muster und Strukturen ist integraler Bestandteil aller dieser Bereiche. Die Förderung der prozessbezogenen Kompetenzen (Modellieren, Problemlösen, Argumentieren, Kommunizieren, Darstellen) durchzieht das ZAHLENBUCH und wird gezielt auf den grün unterlegten Seiten angesprochen.

Einführung der schriftlichen Multiplikation

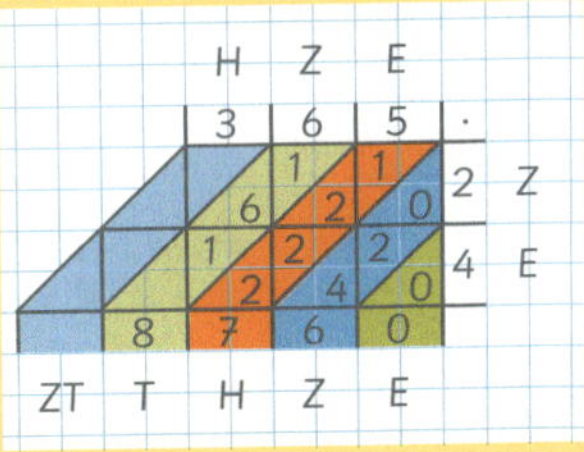

Einführung der schriftlichen Division

```
4)  ZT T H Z E              ZT T H Z E
     1 2 8 4 0 : 6 0 =           2 1 4
     1 2 0
         8 4
         6 0
         2 4 0
         2 4 0
             0

P: 2 1 4 · 6 0
   1 2 8 4 0
```


Ergänzende Übungen

```
  6 3 3 6
– 3 6 6 3
---------
  2 6 7 3
```


Mini-Projekte

■ „unerschöpfliche“ Aufgabenfülle

[?] Finde eine passende Frage.

Partnerarbeit

Fragen und Schätzen

„Schnüffelaufgaben“

„Forschen und Finden“

Mathekonferenz

Blitzrechnen

→ weist auf passende Seiten im Arbeitsheft sowie den Heften „Verstehen und Trainieren“ und „Probieren und Kombinieren“ hin. Die Mini-Projekte sind zeitlich passend einzuordnen bzw. mit entsprechenden Themen des Sachunterrichts zu kombinieren.

Immer größer – immer mal zehn

Anzahlen

Familie
3

· 10

Klasse
30

· 10

Schule
300

· 10

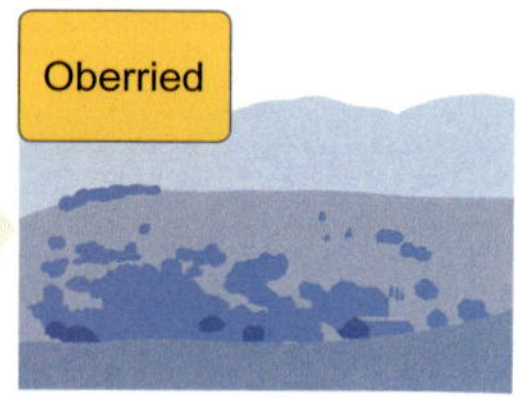

Kleinstadt
3 000

Gewichte

Kleines Gummibärchen
1 g

· 10

Standardbrief
10 g

· 10

Tafel Schokolade
100 g

· 10

Paket Mehl

1 000 g = 1 kg

Rauminhalte

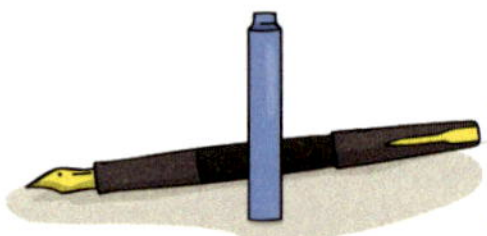

Tintenpatrone
1 ml

· 10

Spritze
10 ml

· 10

Kaffeetasse
100 ml

· 10

Saftflasche

1 000 ml = 1 l

Längen

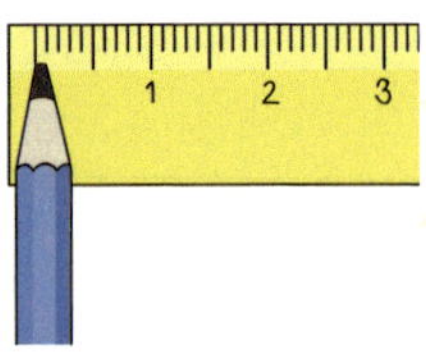

Bleistiftspitze
1 mm

· 10

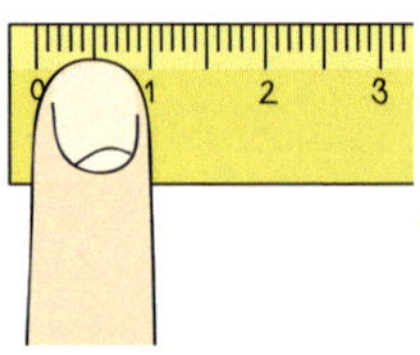

Fingerbreite

10 mm = 1 cm

· 10

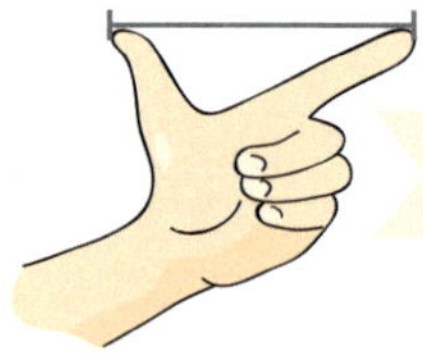

Fingerspanne

10 cm = 1 dm

· 10

Armspanne

100 cm = 1 m

$2\frac{1}{2}$ Runden

1 000 m = 1 km

· 10

25 Runden
10 km

· 10

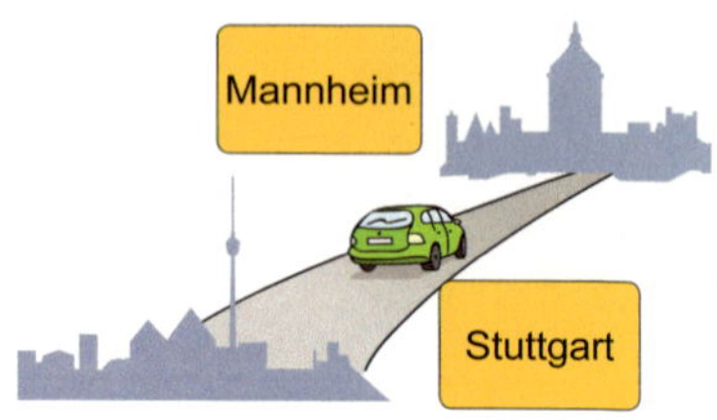

Entfernung
100 km

■ Die Standardgrößen umweltbezogen verankern.

· 10

Mittelgroße Stadt
30 000

· 10

Großstadt
300 000

· 10

Millionenstadt
3 000 000

· 10

Eimer Wasser
10 kg

· 10

Waschmaschine
100 kg

· 10

Kleinwagen

1 000 kg = 1 t

· 10

Eimer
10 l

· 10

Kleines Aquarium
100 l

· 10

Meterwürfel
1 000 l

· 10

Länge Klassenzimmer
10 m

· 10

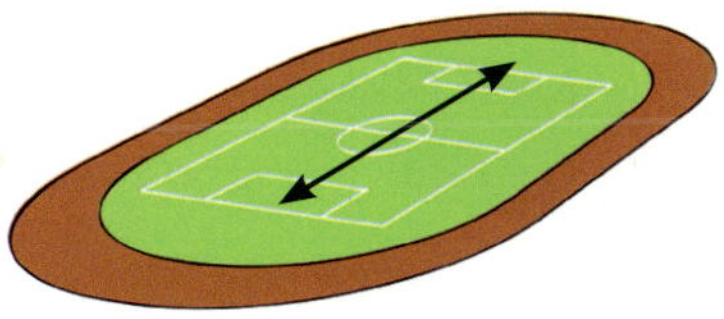

Länge Fußballfeld
100 m

· 10

· 10

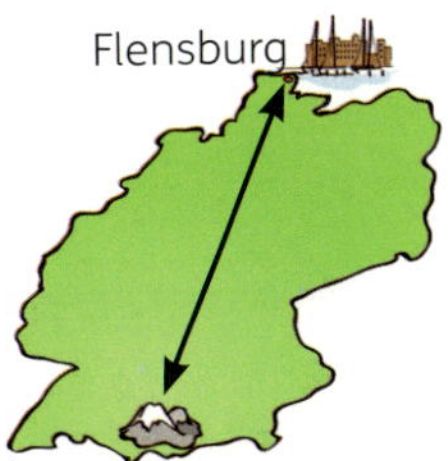

Entfernung Flensburg – Alpen
1 000 km

· 10

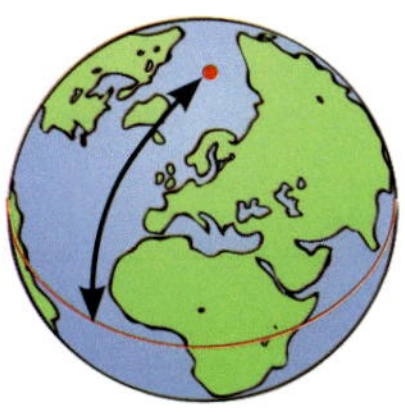

Entfernung Äquator – Nordpol
(= ein Viertel Erdumfang) 10 000 km

Wie viele Kinder sind in deiner Klasse?
Wie schwer bist du?
Wie groß bist du?
Wie lang ist dein Schulweg?
Wie viele Liter Flüssigkeit trinkst du am Tag?

■ Die Standardgrößen umweltbezogen verankern. → Arbeitsheft, Seiten 3, 4

Rechnen in Dänemark

Dänische Flagge

Kleine Meerjungfrau in Kopenhagen

Öresundbrücke von Dänemark nach Schweden

1 a)

tal	100	325	450	575	850
tal + 125	225				

b)

tal	350	500	750	900	950
tal – 250	100				

2 Regn og kontrollér.

a)

593	880
+ 287	– 287
880	593

b)

289	721
+ 432	– 432

c)

356	
+ 416	– 416

d)

674	
+ 297	– 297

3 a)

534	283	534	925	925
+ 283	+ 108	+ 283	– 391	– 817
+ 108				

b)

199	199	288	864	864
+ 288	+ 288	+ 377	– 487	– 665
+ 377				

4

søtunge (Seezunge)	rødspætte (Scholle)	ål (Aal)	kabliau (Kabeljau)	helleflynder (Heilbutt)

1,402 kg	1,835 kg	4,750 kg	2,438 kg	18,682 kg
0,53 m	0,34 m	1,27 m	0,56 m	1,30 m

Forvandl: 1,402 kg = 1402 g   0,53 m = 53 cm

5 Die Autofähre fährt abends um 22.00 Uhr von Travemünde ab und kommt morgens um 7.30 Uhr in Trelleborg an. Wie lange ist sie unterwegs?

6 Tæl.

1	5	10	15	20	50	100
en	fem	ti	femten	tyve	halvtreds	hundrede

Grundkenntnisse zur Addition und Subtraktion sowie zu Größen (Gewicht, Länge, Zeit) auffrischen. **6** Dänische Zahlwörter vorlesen, evtl. nachsprechen lassen. → Arbeitsheft, Seite 5 → Probieren und Kombinieren 4, Seite 3

Polnische Flagge

Schlossplatz in Warschau

Wawel-Burg in Krakau

1 Obliczać.

a) 10 · 9
4 · 9
14 · 9

9 · 9
5 · 9
14 · 9

1a) 10 · 9 = 90
4 · 9 = 36
14 · 9 = 126

b) 10 · 8
4 · 8
14 · 8

9 · 8
5 · 8
14 · 8

8 · 8
6 · 8
14 · 8

7 · 8
7 · 8
14 · 8

2 a) 7 · 8
8 · 7
70 · 8
80 · 7

560 : 7
560 : 8
560 : 70
560 : 80

b) 5 · 7
7 · 5
70 · 5
50 · 7

350 : 7
350 : 5
350 : 70
350 : 50

c) 9 · 8
8 · 9
90 · 8
80 · 9

720 : 8
720 : 9
720 : 80
720 : 90

3 a) 10 : 2
100 : 2
1 000 : 2

10 : 5
100 : 5
1 000 : 5

10 : 10
100 : 10
1 000 : 10

b) 40 : 5
400 : 5
4 000 : 5

40 : 10
400 : 10
4 000 : 10

40 : 8
400 : 8
4 000 : 8

4 a) △ —·6→ ○ —+12→ □ —:6→ ▽

△	○	□	▽
2			
4			
6			
8			

b) △ —·7→ ○ —+14→ □ —:7→ ▽

△	○	□	▽
3			
5			
7			
9			

c) △ —·10→ ○ —+20→ □ —:10→ ▽

△	○	□	▽
12			
14			
16			
18			

5 a) Der Zug fährt um 8.58 Uhr in Frankfurt am Main ab. Er kommt um 20.55 Uhr in Warschau an. ?

b) Das Flugzeug startet um 7.25 Uhr vom Flughafen Frankfurt am Main und landet um 8.55 Uhr in Warschau. ?

6 Liczyć.

1	5	10	15	20	50	100
jeden	pięć	dziesięć	piętnaście	dwadzieścia	pięćdziesiąt	sto

Grundkenntnisse zur Multiplikation und Division auffrischen. **4** „Rechenkette" als bekanntes Übungsformat erkennen. **6** Polnische Zahlwörter vorlesen, evtl. nachsprechen lassen. → Arbeitsheft, Seite 5

1 **Wie rechnet ihr a) 410 + 267 b) 347 + 578 c) 943 − 678 d) 805 − 796?**

a) 410 + 267

Josi

Meike
1a) 410 + 200 = 610
610 + 60 = 670
670 + 7 = 677

Yannik
1a)
  410
+ 267
  677

b) 347 + 578

Frederik
1b)
  347
+ 578
  11
  925

Tim
1b) 347 + 8 = 355
355 + 70 = 425
425 + 500 = 925

Loki

c) 943 − 678

Uma
1c) 900 − 600 = 300
40 − 70 = −30
3 − 8 = −5
300 − 30 − 5 = 265

Hannah
1c)
  943
− 678
  265

Julian

d) 805 − 796

Noah

Ahmed
1d)
  805
− 796
  9

Martha

Wie rechnen die Kinder? Vergleicht mit euren Rechenwegen.

2 Überlege zuerst, wie du vorteilhaft rechnen kannst.

a) 425 + 61	b) 519 + 271	c) 800 − 62	d) 764 − 533	e) 851 − 249
639 + 287	374 + 230	606 − 588	941 − 356	849 − 251

3 Rechne geschickt.

a) 689 + 116 + 111	b) 647 + 134 + 76	c) 647 + 76 + 253	d) 138 + 87 + 262
689 + 116 − 209	647 − 134 − 76	647 + 234 − 227	138 − 82 + 262

4 Schreibe selbst Aufgaben auf, die du im Kopf rechnen kannst, und Aufgaben, die du schriftlich rechnest. Was sagt dein Partner dazu?

■ **1–4** Unterschiedliche Rechenwege der Kinder erklären, vergleichen und nach Rechenaufwand bewerten (Mathekonferenz). **3** Vorteil des geschickten Addierens von Einern, Zehnern und Hundertern besprechen.
→ Arbeitsheft, Seite 6

Rechne und vergleiche. Du kannst auch Nebenrechnungen durchführen.

1 a)

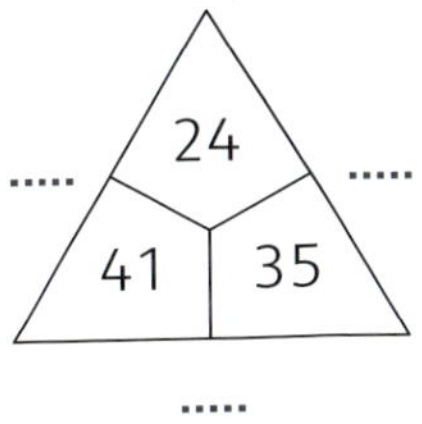

b)

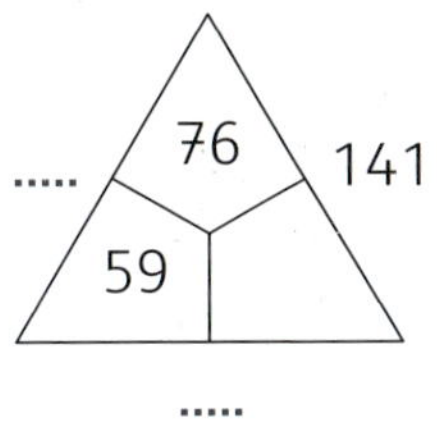

c)

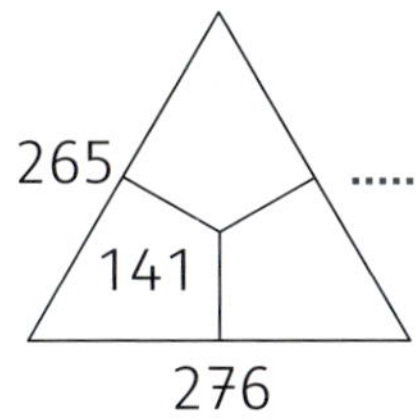

2 a)

147	44	265

b)

	500	
191		
147		

c)

	1 000	
	618	
		530

d)

382		
294		530

3 Schöne Päckchen?

a)	b)	c)	d)	e)
260 + 325	287 + 147	210 + 135	441 – 260	540 – 94
311 + 375	337 + 199	260 + 186	492 – 210	490 – 145
362 + 425	387 + 249	310 + 237	543 – 160	440 – 196
414 + 475	437 + 300	360 + 288	594 – 100	390 – 248

4 a)

Zahl	125	240	280	320	490
das Doppelte					

b)

Zahl	120	480	520	660	840
die Hälfte					

5 Wie berechnet man die untere Zahl aus der oberen Zahl?

a)

1	2	10	14	30	31
0	1	9	13		

b)

1	5	17	68	73	89
6	10	22	73		

6 0 1 2 3 4 5 6 7 8 9

a) Wähle drei Ziffern.
Bilde daraus eine dreistellige Zahl und ihre Umkehrzahl.
Subtrahiere die kleinere von der größeren Zahl.
Bilde wieder die Umkehrzahl und addiere.

b) Wähle drei andere Ziffern aus und rechne ebenso.

c) Vergleiche die Rechnungen. Beschreibe, was dir auffällt.

6a)

6 2 4	1 9 8
– 4 2 6	+ 8 9 1
	1
1 9 8	1 0 8 9

7 Fragen und Schätzen
Eine Lehrerin und 7 Kinder besteigen den Turm des Ulmer Münsters. Es sind 768 Stufen bis zur Galerie.

a) Wie viele Stufen muss jede Person steigen?

b) 5 Stufen sind zusammen etwa 1 m hoch.
Schätze: Auf welcher Höhe befindet sich die Galerie?

■ **1–4** Bekannte Übungsformate wiederholen. **5** Mündlich bearbeiten. **6** Ziffernkarten als Beilage.
→ Arbeitsheft, Seiten 7, 8

Autobahnen in Deutschland

1 Fragen und Schätzen

a) Schätze die Nord-Süd-Ausdehnung von Deutschland.

b) Schätze die Ost-West-Ausdehnung von Deutschland.

c) Schätze die Länge des Autobahnnetzes von Deutschland.

■ Eventuell fehlende Kilometerangaben schätzen oder im Autoatlas nachsehen.

1 Wie viele km sind es von Mannheim nach Leipzig?

Luise
1) Mannheim – Heilbronn – Nürnberg – Leipzig

```
  55 km
  72 km
  83 km
  82 km
  36 km
  66 km
  44 km
+ 24 km
 4 3
------
 462 km
```

Osman
1) Mannheim – Frankfurt – Erfurt – Leipzig

```
  88 km
  51 km
  80 km
 115 km
  68 km
  44 km
+ 24 km
-------
```

a) Suche die Wege auf der Karte.
b) Welcher Weg ist kürzer?

2 Wie viele km sind es
a) von Karlsruhe nach München,
b) von Dresden nach Hamburg,
c) von München nach Frankfurt,
d) von Hamburg nach Basel?

3 Erfinde eigene Aufgaben.

4 Auf der Autobahn von Frankfurt nach Basel:

Auf weiteren Schildern stehen die Kilometerangaben:

Freiburg	172	164	156	148
Offenburg	106	98	90	82
Karlsruhe	32	24	16	8

Berechne jeweils den Unterschied
a) zwischen Freiburg und Offenburg,
b) zwischen Freiburg und Karlsruhe.

Vergleiche.

5 Berechne die gefahrenen Kilometer. Prüfe mit einem Überschlag.

Zählerstand neu	272	373	517	582	761	894	1 049
Zählerstand alt	117	229	373	427	517	761	894

5)
```
  272
- 117
-----
  155
```
Ü:
```
  270
- 120
-----
  150
```

6 Addiere und subtrahiere.

a) 191 km + 38 km; 191 km – 38 km
b) 123 km + 88 km; 123 km – 88 km
c) 399 km + 217 km; 399 km – 217 km

7 Verwandle in km und m.
a) 1 200 m, 2 000 m, 7 500 m, 10 000 m, 42 200 m
b) 1 700 m, 3 000 m, 2 010 m, 6 500 m, 1 234 m
c) 5 · 500 m, 2 · 900 m, 4 · 600 m, 2 · 1 500 m, 9 · 1 111 m

7a) 1 200 m = 1 km 200 m

8 Der Rhein soll von der Quelle in der Schweiz bis zur Mündung 1 320 km lang sein. Dies ist jedoch falsch. Ein Zahlendreher vor etwa 50 Jahren hat den Rhein künstlich verlängert. Er ist nur 1 230 km lang. ?

■ **1–6** Verfahren der schriftlichen Addition und Subtraktion kontextbezogen wiederholen. Karte von Seite 10 benutzen. → Arbeitsheft, Seite 9

Seehunde

Treffpunkt Wattenmeer
SEEHUNDSTATION
Nationalpark-Haus

Im Jahre 1960 gab es an der Nordsee etwa 2 000 Seehunde. Bereits 10 Jahre später waren es nur noch halb so viele. Die Seehunde mussten deshalb genauer erforscht werden, um sie schützen zu können. Um genaue Zahlen zu erhalten, zählt man seit 1970 die Seehunde jedes Jahr vom Flugzeug aus, Rudel für Rudel. Die Zählung wird in der Regel mit zwei Zählern durchgeführt. Der erste Zähler zählt die Anzahl der Alttiere, der zweite die Anzahl der Jungtiere. Junge Seehunde sind aus der Luft an ihrer Größe und der Nähe zum Muttertier zu erkennen.

1 Berechne die Summen. Kontrolliere mit einem Überschlag.

	Jahr 1972			Jahr 1980			Jahr 1998		
Zählgebiete	gesamt	jung	alt	gesamt	jung	alt	gesamt	jung	alt
Aurich	309	61	248	283	13	270	1 598	190	1 408
Friesland	119	31	88	116	7	109	524	78	446
Wesermarsch	309	99	210	316	69	247	796	198	598
Cuxhaven	571	115	456	584	131	453	1 670	333	1 337
Summe									

2 a) Suche die berechneten Gesamtzahlen der Seehunde im Säulendiagramm.

b) Lies im Diagramm ab, wie viele Seehunde es in den Jahren 1972, 1974, ..., 1998 waren.

c) Im Jahre 1988 starben rund 1 300 Seehunde an einer Viruskrankheit. Danach nahm die Anzahl aber schnell wieder zu.
Zeige das am Diagramm.

Ein Seehund wird bis zu 100 kg schwer, 180 cm lang und kann 30 Jahre alt werden.
Zum Überleben braucht er sauberes Wasser, eine Sandbank und ausreichend Fisch.
Da man seit dem Jahr 2 000 jährlich über 6 000 Seehunde zählt, ist diese Tierart zur Zeit nicht mehr gefährdet.

Entwicklung des Seehundbestandes an der niedersächsischen Nordseeküste von 1972 – 1998

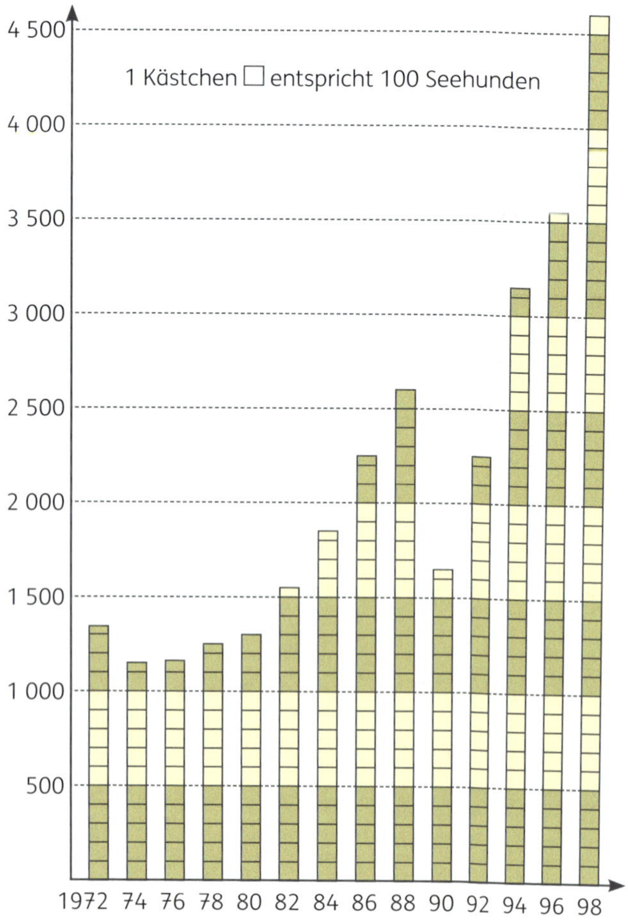

■ Lesen von Sachtexten zum Thema Naturschutz. Weitere Informationen und aktuelle Daten im Internet suchen.
1 – 2 Auswerten einer Tabelle und eines Säulendiagramms. Erkenntnis, dass nur langjähriger Umweltschutz über Jahrzehnte den Tieren hilft.

1 a) Bilde aus den Ziffern 1, 2, 3, 4, 5, 6 dreistellige Zahlen und addiere dazu immer die Umkehrzahl. Jede Ziffer darf dabei mehrfach verwendet werden.

Zahl:	436
	436
	+ 634
Ergebnis:	1070

Zahl:	225
	225
	+ 522
Ergebnis:	747

Zahl:	555
	555
	+ 555
Ergebnis:	1110

b) Bilde selbst Aufgaben mit unterschiedlich großen Ergebnissen. Welches ist das größtmögliche, welches das kleinstmögliche Ergebnis?

c) Bei der Zahl 524 und bei ihrer Umkehrzahl 425 erhält man das Ergebnis 949. Prüfe nach. Finde ein weiteres Zahlenpaar, das zum gleichen Ergebnis führt.

d) Bei der Zahl 651 und bei ihrer Umkehrzahl 156 erhält man das Ergebnis 807. Prüfe nach. Finde zwei weitere Zahlenpaare, die zum gleichen Ergebnis führen.

e) Finde weitere Ergebnisse, die man aus mehreren Zahlen erhalten kann.

f) Begründe, warum die Ergebnisse 500 und 1 000 nicht möglich sind.

2 Zahlen würfeln mit drei verschiedenfarbigen Würfeln.
Legt fest, welcher Würfel die Hunderterziffer, die Zehnerziffer und die Einerziffer zeigen soll.
Bildet daraus eine dreistellige Zahl.

Beispiel:

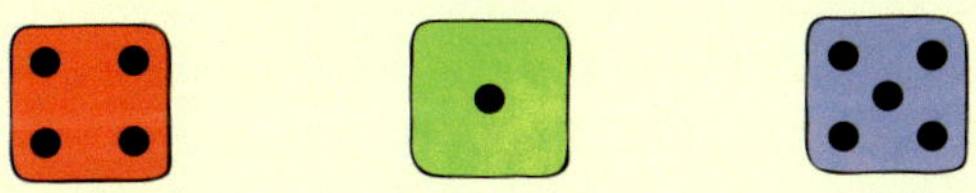

Hunderterziffer Zehnerziffer Einerziffer

Zahl: 4 1 5

a) Führt dieses Experiment 20-mal durch und schreibt die Zahlen auf. Addiert dann zu jeder Zahl die Umkehrzahl und haltet in einer Tabelle mit Strichlisten fest, wie viele Ergebnisse unter 500, zwischen 500 und 1 000 und über 1 000 liegen.

Ergebnis unter 500	Ergebnis zwischen 500 und 1 000	Ergebnis über 1 000

b) Vergleicht eure Strichliste mit den Strichlisten anderer Kinder. In welcher Spalte finden sich die meisten Striche? In welcher die wenigsten?

3 a) Wie viele dreistellige Zahlen kann man aus den Ziffern 1, 2, 3, 4, 5, 6 bilden? Tipp: Schaue im Tausenderbuch nach.

b) Für welche Zahlen erhält man bei **1** a) ein Ergebnis über 1 000?

c) Für welche Zahlen erhält man bei **1** a) ein Ergebnis unter 500?

d) Begründe die unterschiedlichen Häufigkeiten in **2**.

Größere – kleinere – gleiche Chancen

1 Würfelt ganz oft mit zwei Würfeln verschiedener Farbe.
Nach jedem Wurf wird die Malaufgabe aus den gewürfelten Zahlen gebildet und das Ergebnis der Malaufgabe (Produkt) aufgeschrieben.

Beispiel:  Ergebnis: 3 · 4 = 12 —— Produkt

a) Welche Einmaleinszahlen sind als Ergebnis möglich? Schreibe sie auf.

b) Ordne in einer Tabelle die Ergebnisse der Größe nach.
Schreibe darunter die zugehörigen Malaufgaben der Würfelzahlen.
Achte auch auf die Tauschaufgaben.

1
1 · 1

5	6
1 · 5	1 · 6
5 · 1	6 · 1
	2 · 3
	3 · 2

36
6 · 6

c) Warum sind die Chancen für die Ergebnisse verschieden? Erkläre an der Tabelle.

2 Spielmaterial: roter, gelber und blauer Spielstein, 2 Würfel

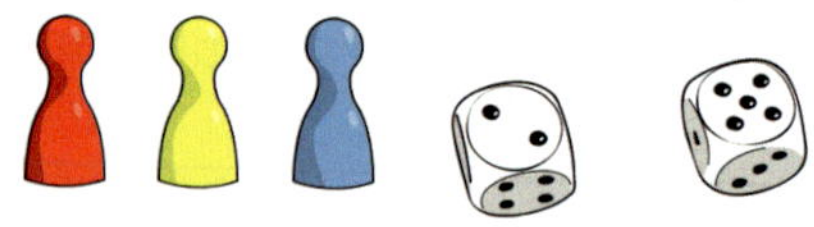

Drei Kinder (rot, gelb, blau) setzen ihren Spielstein auf das gleichfarbige Startfeld. Von dort aus dürfen sie wie angegeben (Regel für Spiel 1 oder Spiel 2) weiterziehen. Wer als erster ins Ziel kommt, gewinnt.

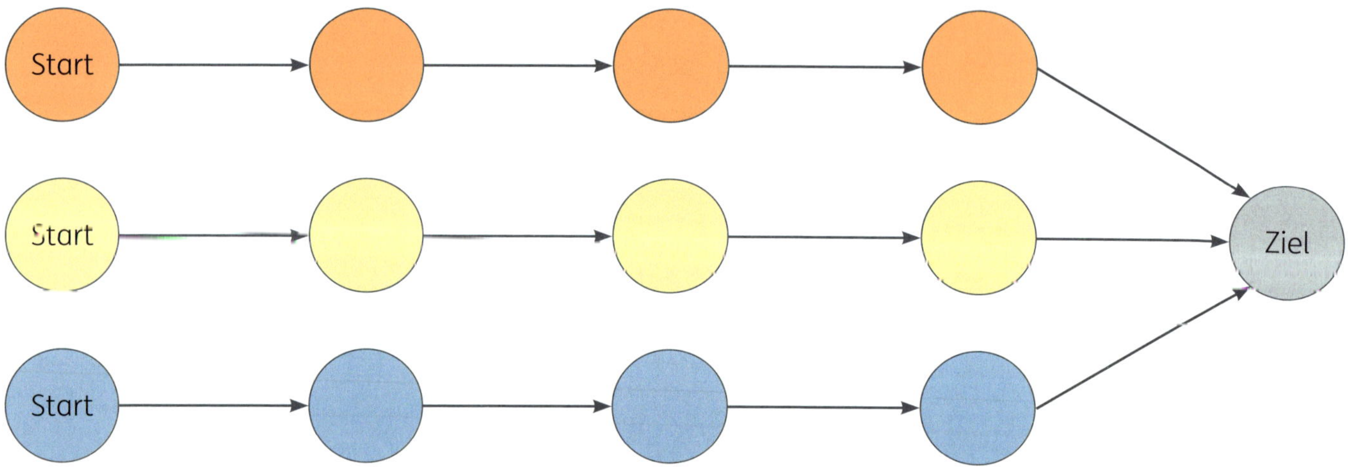

Regel für Spiel 1:
Ist das Produkt kleiner als 11, rückt der rote Stein ein Feld vor, bei Produkt 11 der blaue Stein. Ist das Produkt größer als 11, rückt der gelbe Stein ein Feld vor.

Regel für Spiel 2:
Ist das Produkt kleiner als 7, rückt der rote Stein ein Feld vor. Liegt das Produkt zwischen 7 und 17, rückt der blaue, ist das Produkt größer als 17, der gelbe Stein ein Feld vor.

a) Führt jedes Spiel einige Male durch. Haltet in einer Strichliste fest, welcher Stein als erster am Ziel ist.

2a) Spiel 1:

Stein	rot	gelb	blau
gewonnen			

b) Sammelt und vergleicht eure Ergebnisse in der Klasse.

c) Wie groß sind die Gewinnchancen der Steine bei jedem Spiel? Begründet eure Antworten mithilfe von **1**.

■ 1 Zufallsexperimente. Chancen an Tabelle kombinatorisch vergleichen.

1 a) Legt 50 rote und 50 andersfarbige Perlen in eine Dose und mischt.
Einer von euch holt mit geschlossenen Augen 20 Perlen heraus.
Wie viele sind rot? Wie viele nicht?
Tragt in eine Tabelle ein.

1)	rote Perlen	andere Perlen
	11	9

b) Legt die Perlen zurück und wiederholt das Experiment mehrmals.
Vergleicht die Ergebnisse.

2 a) Legt 75 rote und 25 andersfarbige Perlen in die Dose. Einer von euch holt ebenfalls 20 Perlen heraus. Wie viele sind rot? Wie viele nicht?

b) Wiederholt das Experiment mehrmals.
Wie viele Perlen sind **durchschnittlich** rot? Vergleicht die Ergebnisse.

3 Zwei Dosen:

Dose A

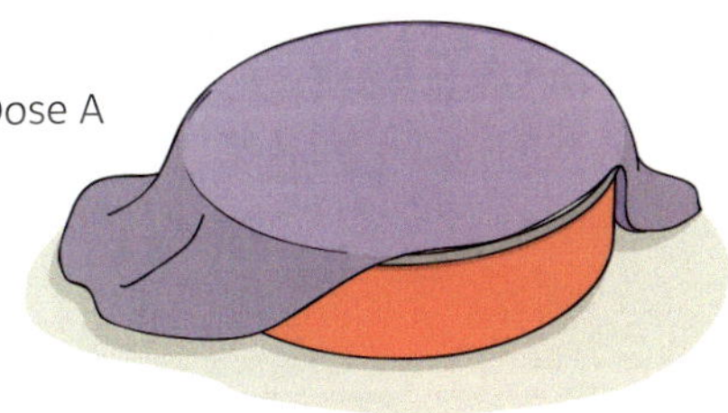

Dose B

In einer Dose sind 20 rote und 80 andersfarbige Perlen. In der anderen Dose sind 40 rote und 60 andersfarbige Perlen.
Es wurden mit geschlossenen Augen immer 20 Perlen gezogen:

Dose A

rote Perlen	andere Perlen
5	15

Dose B

rote Perlen	andere Perlen
9	11

Welchen Inhalt hat wohl
a) Dose A,
b) Dose B?

4 Anteil an roten Autos.
Arbeitet zu zweit. Sucht einen sicheren Fensterplatz mit Blick auf eine Straße zum Zählen.

Du zählst mit einer Strichliste alle Autos, bis 100 vorbeigefahren sind.
Deine Partnerin oder dein Partner zählt gleichzeitig nur die roten Autos.
Vergleicht die Ergebnisse.

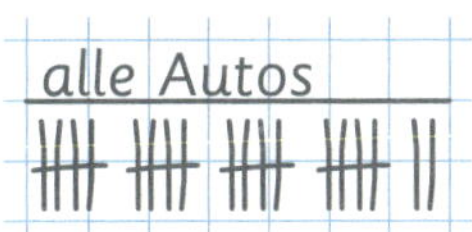

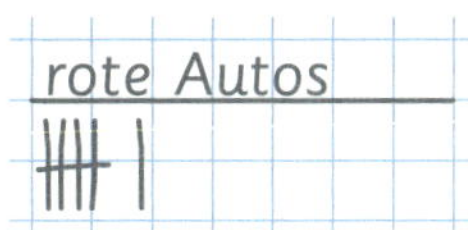

1–4 Zufallsexperimente durchführen. Grundvorstellungen über Statistik entwickeln.

Zehner-Einmaleins auch umgekehrt

6 € + 6 € + 6 € = 18 €

3 · 6 € = 18 €

60 € + 60 € + 60 € = 180 €

3 · 60 € = 180 €

Vergleiche die Geldbeträge links und rechts.

1 Wie überlegen die Kinder?

Tung

7 · 6 = 42
7 · 60 = 420
60 · 7 = 420

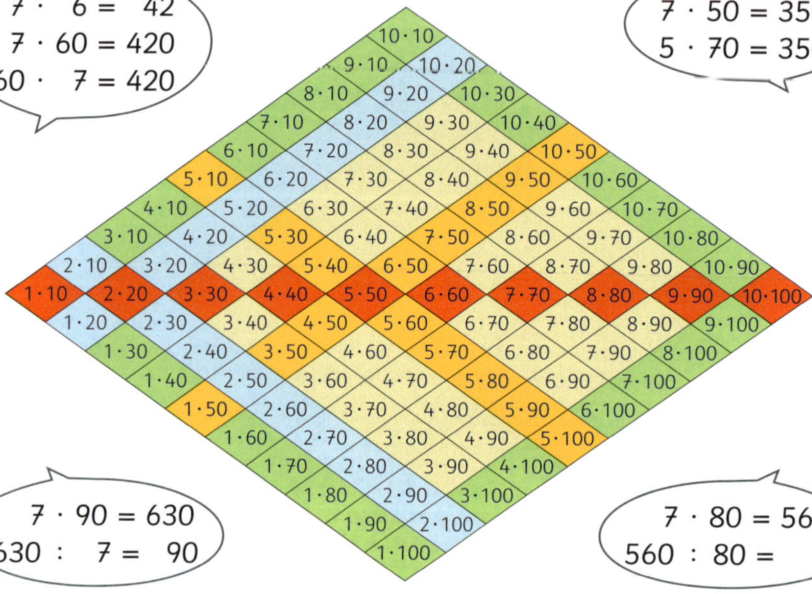

7 · 50 = 350
5 · 70 = 350

Saadia

Malin

7 · 90 = 630
630 : 7 = 90

Janne

7 · 80 = 560
560 : 80 = 7

2 Multipliziere.

a)	b)	c)
9 · 70	7 · 80	30 · 4
50 · 4	3 · 100	2 · 30
60 · 3	6 · 60	8 · 30
100 · 2	70 · 8	2 · 60
7 · 90	4 · 90	2 · 120
9 · 20	50 · 6	20 · 3

3 Multipliziere.

a)	b)	c)
3 · 70	2 · 90	5 · 30
6 · 40	20 · 8	7 · 60
9 · 40	6 · 80	9 · 60
4 · 90	40 · 4	6 · 90
7 · 30	3 · 60	50 · 3
40 · 6	8 · 60	6 · 70

Kontrolliere: In den Päckchen von **2** und **3** kommt jedes Ergebnis doppelt vor.

4 Schöne Päckchen. Setze fort.

a)	b)	c)
2 · 20	30 · 3	20 · 5
2 · 30	40 · 4	40 · 5
2 · 40	50 · 5	60 · 5
2 · 50	60 · 6	80 · 5
2 · 60	70 · 7	100 · 5

5 Die Kinder haben eine Malaufgabe gerechnet. Das Ergebnis ist 360. Nun verändern sie die Zahlen. Wie lauten die neuen Ergebnisse?

a) Eine Zahl wird halbiert.

b) Beide Zahlen werden halbiert.

c) Finde Malaufgaben mit dem Ergebnis 360 oder anderen Ergebnissen und verändere die Zahlen.

■ **1** Mit Zehnern rechnen wie mit Einern. **2** Aufgaben an der Tafel untereinander in Beziehung setzen. **3, 4** Tauschaufgabe benutzen.

18 € : 3 = 6 €
18 € : 6 € = 3

180 € : 3 = 60 €
180 € : 60 € = 3

Vergleiche die Geldbeträge links und rechts.

6 Rechne zu jeder Umkehraufgabe des kleinen Einmaleins die beiden Umkehraufgaben des Zehner-Einmaleins.

a)	b)	c)	d)	e)	f)
42 : 7	16 : 4	32 : 8	56 : 7	64 : 8	72 : 9
420 : 7	160 : 4	320 : 8	560 : 7	640 : 8	720 : 9
420 : 70	160 : 40	320 : 80	560 : 70	640 : 80	720 : 90

7 Dividiere ohne Rest.

a)	b)
49 : 7	160 : 20
160 : 8	280 : 4
160 : 80	160 : 40
490 : 70	320 : 40
140 : 7	140 : 2
140 : 70	80 : 20

8 Dividiere mit Rest.

a)	b)
430 : 60	250 : 3
500 : 70	57 : 8
351 : 70	499 : 6
650 : 80	300 : 70
730 : 90	491 : 70
36 : 7	220 : 50

8a) 430 : 60 = 7 R 10
500 : 70 = 7 R 10

Kontrolliere: In den Päckchen von **7** und **8** kommt jedes Ergebnis doppelt vor.

9 Schöne Päckchen. Setze fort.

a)	b)	c)
630 : 9	1 000 : 100	161 : 20
420 : 7	810 : 90	142 : 20
250 : 5	640 : 80	123 : 20
160 : 4	490 : 70	104 : 20
90 : 3	360 : 60	85 : 20
40 : 2	250 : 50	66 : 20

10 Schöne Päckchen?

a)	b)	c)
160 : 2	30 : 30	161 : 40
210 : 3	80 : 40	202 : 40
240 : 3	150 : 50	242 : 40
250 : 5	240 : 60	284 : 40
240 : 6	350 : 70	325 : 40
210 : 7	480 : 80	366 : 40

11 Hüpf im Päckchen! Rechne immer mit dem Ergebnis weiter.

a)	b)	c)	d)	e)
810 : 10 = 81	90 · 2	240 : 2	180 · 2	500 · 2
90 : 9 =	7 · 50	6 · 40	210 : 3	80 : 8
9 · 6 =	60 · 7	720 : 10	90 · 3	200 : 4
540 : 6 =	350 · 2	80 · 9	30 · 7	50 · 8
81 : 9 =	180 : 3	120 : 20	360 : 4	1 000 : 5
54 · 10 =	420 : 60	240 : 3	270 : 9	400 : 5
Ziel 10	Ziel 700	Ziel 72	Ziel 70	Ziel 10

6–9 Durch Einer und durch Zehner teilen. Divisionsaufgaben untereinander in Beziehung setzen.
→ Arbeitsheft, Seite 10

Zerlegen von Multiplikationsaufgaben mit dem Malkreuz

Eine große Malaufgabe:

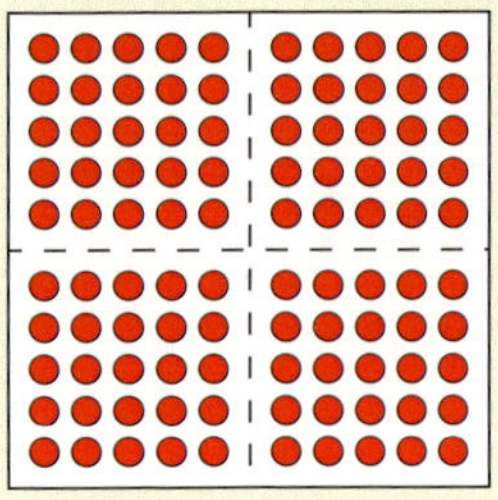

10 · 10 = ...

Vier kleine Malaufgaben:

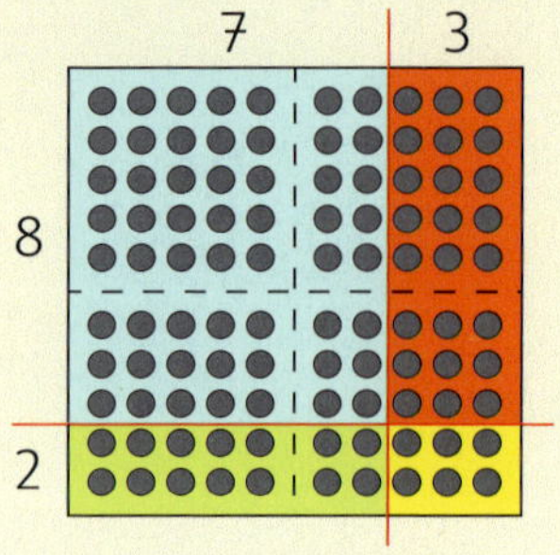

8 · 7 + 8 · 3 + 2 · 7 + 2 · 3

56 + 24 + ... + ... = ...

·	7	3	
8	56	24	80
2	14	6	20
	70	30	100

1

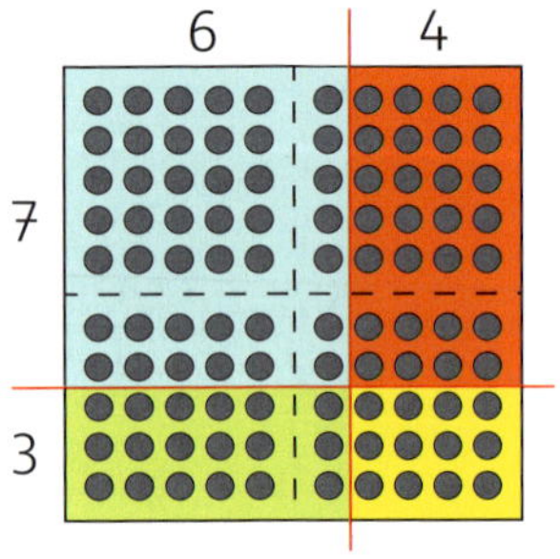

Addiere zeilenweise:

·	6	4	
7	42	28	70
3	18	12	

Addiere spaltenweise:

·	6	4	
7	42	28	
3	18	12	
	60		

2

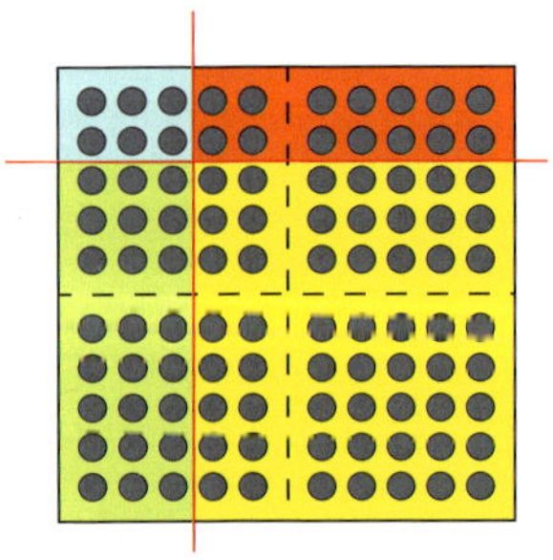

Addiere zeilenweise:

·	3	7	
2			
8			

Addiere spaltenweise:

·	3	7	
2			
8			

3 a)

·	2	8	
4			
6			

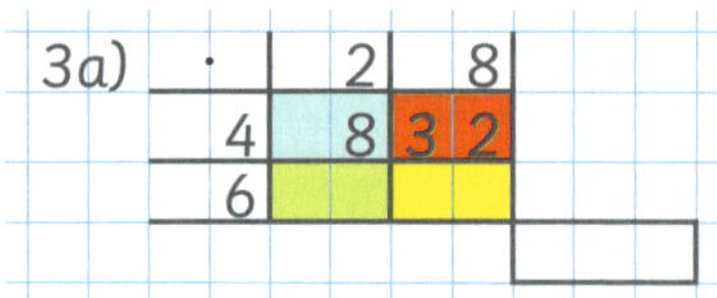

b)

·	8	2	
6			
4			

c)

·	3	7	
3			
7			

d)

·	4	6	
9			
1			

e)

·	5	5	
7			
3			

4 Finde eigene Zerlegungen und rechne.

■ **1–3** Wiederholung der Multiplikation am Malkreuz. Zerlegung von großen Malaufgaben in kleine Malaufgaben mithilfe des Distributivgesetzes. → Verstehen und Trainieren 4, Seiten 2, 3 → Probieren und Kombinieren 4, Seiten 10–13

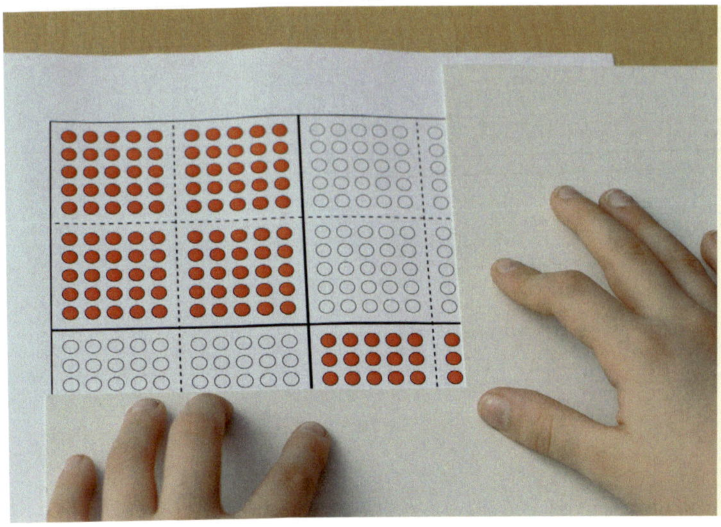

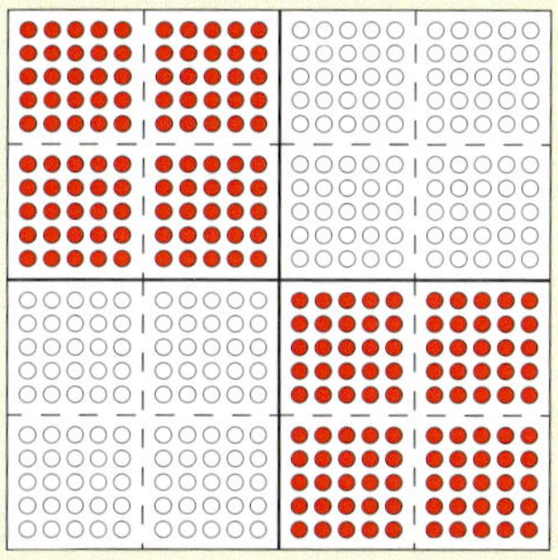

Am Vierhunderterfeld lassen sich Malaufgaben mit zwei Zahlen kleiner oder gleich 20 legen und einfach am Malkreuz ausrechnen.

1 Lege mit dem Winkel oder decke mit zwei Blättern am Vierhunderterfeld ab:
17 · 14, 14 · 17, 9 · 17, 19 · 17, 11 · 13, 12 · 12.

2

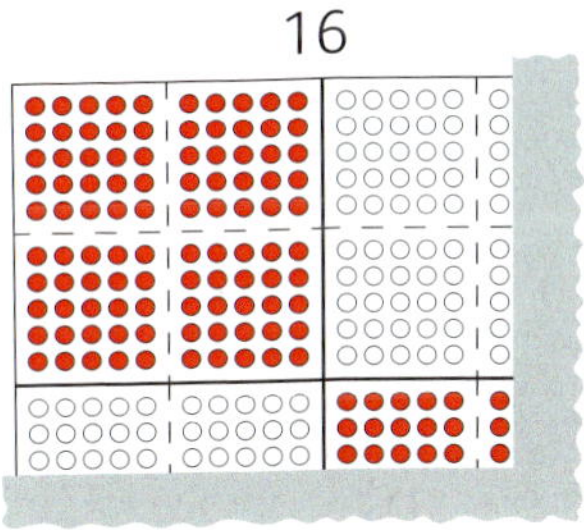

13 · 16

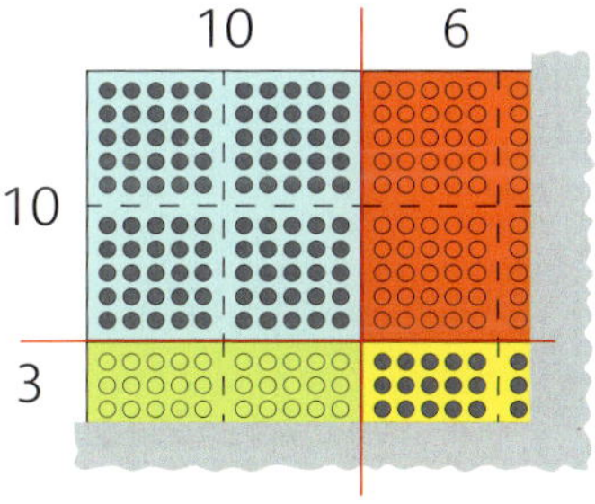

10 · 10 + 10 · 6 + 3 · 10 + 3 · 6 = ...
100 + 60 + 30 + 18 = ...

·	10	6	
10	100	60	160
3	30	18	48
	130	78	

3 Übertrage in das Malkreuz und rechne.

a)

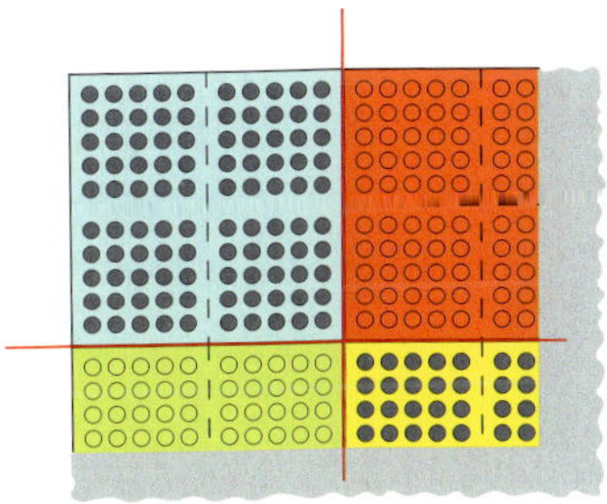

14 · 17

b)

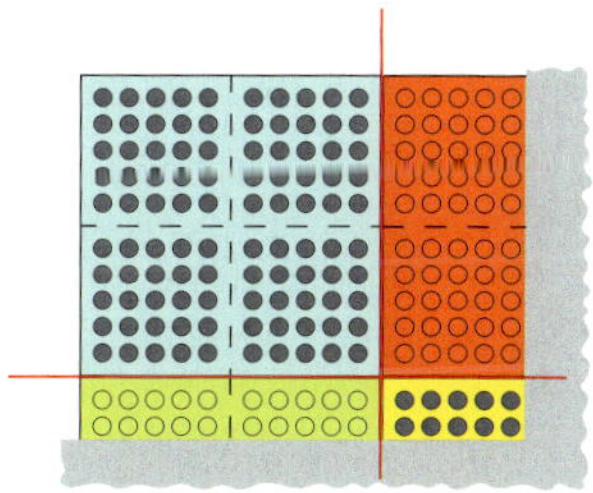

12 · 15

4 Zeige am Feld und rechne mit dem Malkreuz. Vergleiche die Ergebnisse.

a)	b)	c)	d)	e)	f)	g)
16 · 12	17 · 12	15 · 19	18 · 10	17 · 16	19 · 11	20 · 17
12 · 16	17 · 13	15 · 18	18 · 11	18 · 16	20 · 11	18 · 17

5

a)	b)	c)	d)	e)	f)	g)
2 · 6	5 · 9	4 · 8	3 · 7	9 · 3	7 · 2	7 · 8
12 · 16	15 · 19	14 · 18	13 · 17	19 · 13	17 · 12	17 · 18
12 · 6	15 · 9	14 · 8	13 · 7	19 · 3	17 · 2	17 · 8
2 · 16	5 · 19	4 · 18	3 · 17	9 · 13	7 · 12	7 · 18

■ **1–5** Malaufgaben am Vierhunderterfeld legen (Kopiervorlage) und mithilfe des kleinen Einmaleins am Malkreuz berechnen. → Arbeitsheft, Seite 11 → Verstehen und Trainieren 4, Seiten 4, 7

Forschen und Finden

1 a) Die ersten zehn Quadratzahlen kennst du vom kleinen Einmaleins. Zeige und nenne sie.

1 · 1 = 1

2 · 2 = 4

3 · 3 = 9

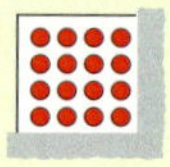
4 · 4 = 16

…

b) Zeige die nächsten zehn Quadratzahlen am Vierhunderterfeld und berechne sie.
Welche sind gerade, welche ungerade?

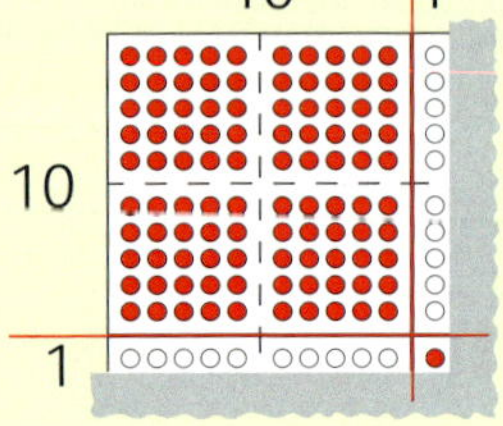

·	10	1
10	100	10
1	10	1

121

1a) 11 · 11 = 121
12 · 12 = 144
13 · 13 =

c) Schreibe die beiden Reihen von Quadratzahlen untereinander. Was fällt dir auf?

1c)				
	1	4	9	16
	121	144		

…

81	100

2 Rechne und vergleiche die Aufgabenpaare.

a)

12 · 12	13 · 13	14 · 14	15 · 15	16 · 16
11 · 13	12 · 14	13 · 15	14 · 16	15 · 17

Setze fort.

Begründe das Muster.

b) Verschiebe den Malwinkel am Vierhunderterfeld von der ersten zur zweiten Aufgabe.
Wie viele Punkte verlierst du in der untersten Zeile?
Wie viele Punkte gewinnst du in der rechten Spalte?

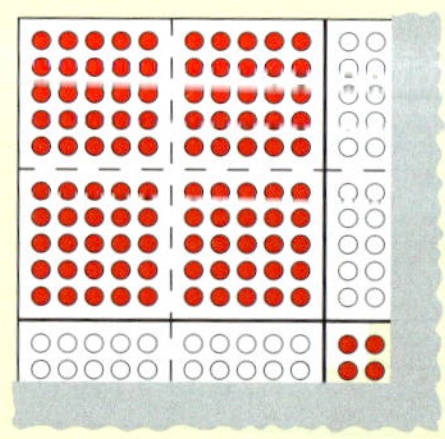
12 · 12

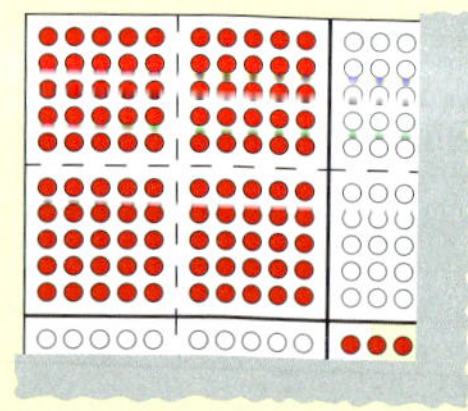
11 · 13

3 Rechne und vergleiche ebenso.

a)

10 · 10	11 · 11	12 · 12	13 · 13	14 · 14
8 · 12	9 · 13	10 · 14	11 · 15	12 · 16

Setze fort.

b)

10 · 11	11 · 12	12 · 13	13 · 14	14 · 15
9 · 12	10 · 13	11 · 14	12 · 15	13 · 16

Setze fort.

c)

10 · 12	11 · 13	12 · 14	13 · 15	14 · 16
9 · 13	10 · 14	11 · 15	12 · 16	13 · 17

Setze fort.

■ **1** Quadratzahlen berechnen, dabei Muster geometrisch begründen. **2** Begründung des Musters am Vierhunderterfeld (Kopiervorlage) gemeinsam erarbeiten. **3** Aufgaben analog zu 2 selbstständig bearbeiten.

1 Zeichne die Figuren ohne Absetzen und ohne doppelte Linien.

a)

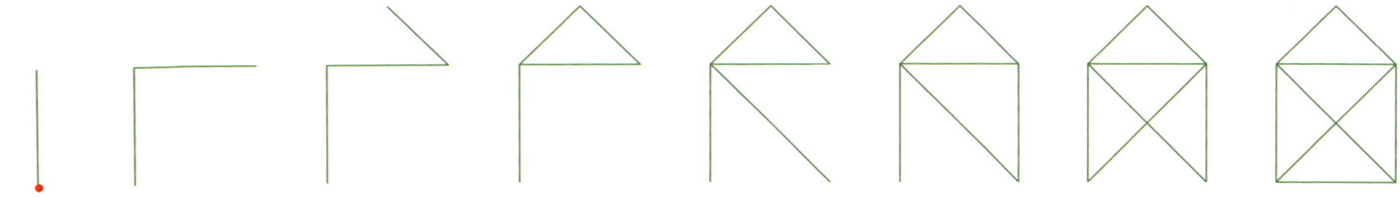

Das ist das Haus des Ni – ko – laus.

b)

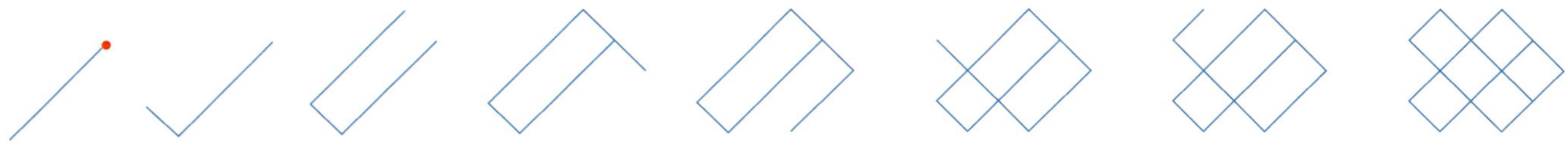

Den Fisch mal ich mit ei – nem Strich.

Kannst du auch an einem anderen Anfangspunkt beginnen?

2 Zeichne die Figuren ohne Absetzen und ohne doppelte Linien in dein Heft.
Markiere Anfangs- und Endpunkt rot.

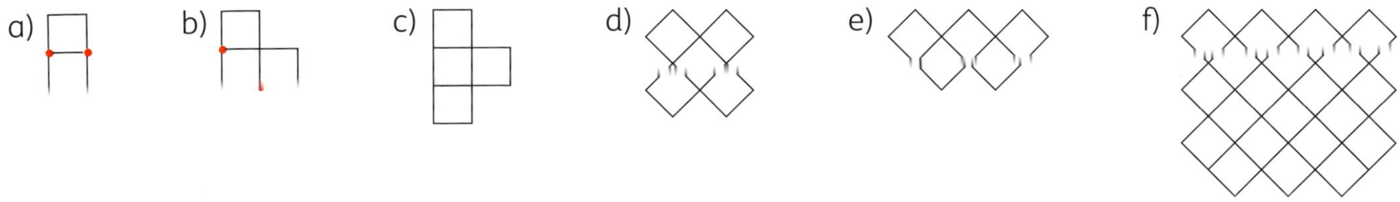

Kannst du diese Figuren ohne Absetzen und ohne doppelte Linien zeichnen?
Markiere deine Anfangs- und Endpunkte.

3

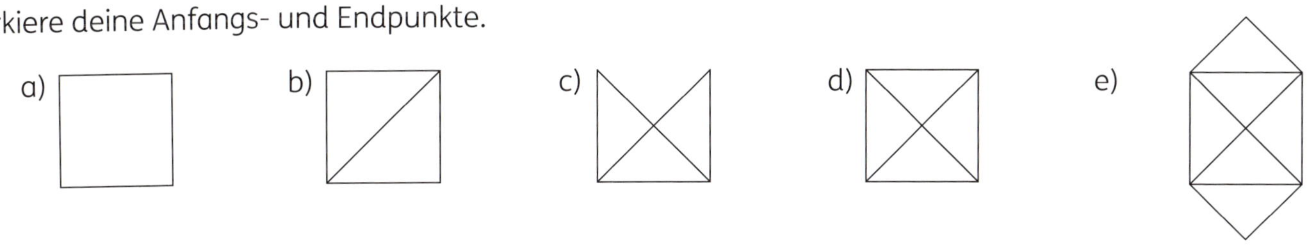

4

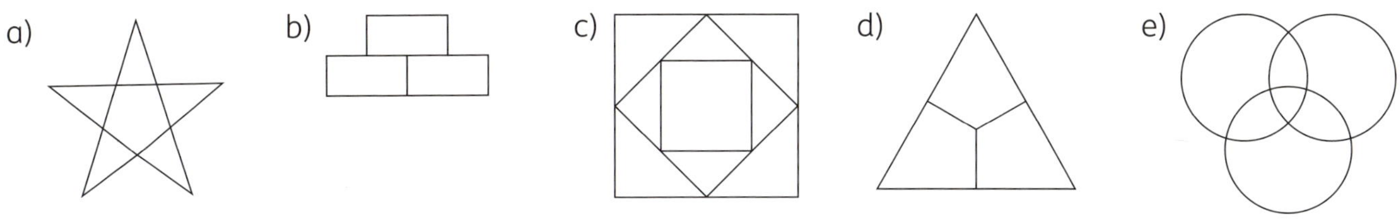

5 Erfinde eigene Muster, die man ohne Absetzen und ohne doppelte Linien zeichnen kann.

Folgen fortsetzen

1 Zeichne diese Folge von Kreuzen in dein Heft und setze sie ein Stück weit fort.

a) Beschreibe eine Regel für die Fortsetzung.

b) Welche Farbe hat das 25. Kreuz?

c) Welche Farbe hat das 50. Kreuz?

d) Welche Farbe hat das 100. Kreuz?

2 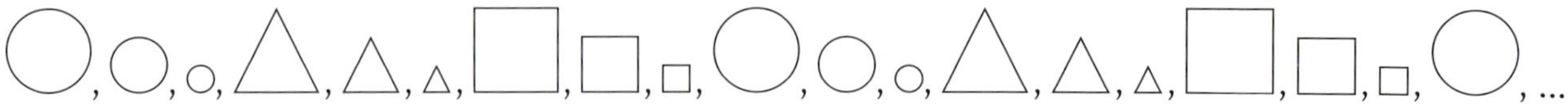

a) Beschreibe eine Regel für die Fortsetzung dieser Folge aus kleinen, mittleren und großen Kreisen, Dreiecken und Quadraten.

b) Welche Figur steht an 25. Stelle der Folge?

c) Welche Figur steht an 45. Stelle der Folge?

d) Welche Figur steht an der 100. Stelle der Folge?

3 Bei diesem Baum wachsen in jedem Jahr aus der Spitze zwei neue Spitzen.

gepflanzt, nach 1 Jahr, nach 2 Jahren, nach 3 Jahren, ...

Berechne die Anzahl der Spitzen a) nach 5 Jahren, b) nach 10 Jahren.

4 Setze die Zahlenfolgen fort. Welche Zahlenfolge gehört zu welcher Regel?

a) 900, 810, 720, ..., 90, 0	Regel 1: 7er-Reihe abwechselnd vorwärts, rückwärts.
b) 1 024, 512, 256, ..., 2, 1	Regel 2: Gerade Quadratzahlen vorwärts.
c) 7, 70, 14, 63, ..., 70, 7	Regel 3: Immer 90 weniger.
d) 15, 30, 45, ..., 150	Regel 4: Immer 15 mehr.
e) 4, 16, 36, ..., 400	Regel 5: Immer die Hälfte.

4a) Regel 3

5 Finde eine Regel. Setze die Zahlenfolgen fort.

a) 3, 6, 12, ..., 384
b) 23, 35, 47, ..., 95
c) 106, 95, 84, ..., 7
d) 6, 9, 14, 17, ..., 54
e) 40, 4, 36, 8, ..., 4, 40
f) 300, 270, 240, ..., 30

6 Wie geht es weiter?

a) 10, 9, 10, 8, 10, 7, ...
b) 4, 7, 6, 9, 8, 11, 10, ...
c) 1, 3, 6, 10, 15, 21, 28, ...
d) 1, 11, 10, 20, 19, 29, 28, ...
e) 2, 6, 12, 20, 30, ...
f) 10, 11, 12, 24, 25, 26, 52, ...

7 Denke dir eine Regel aus. Beginne die Zahlenfolgen und lasse sie von deiner Nachbarin oder deinem Nachbarn erraten und fortsetzen.

Die interessanteste Regel für die Zahlenfolge ist die

Fibonacci-Regel:
Wähle die erste und die zweite Zahl beliebig.
Jede weitere Zahl ist die Summe der beiden vorhergehenden Zahlen.

Leonardo da Pisa, genannt Fibonacci (1175 – 1250)

1 Überprüfe die Regel und setze bis zur 16. Zahl fort.

a) **1**, **4**, 5, 9, 14, 23, 37, 60, ...
b) **3**, **2**, 5, 7, 12, 19, 31, 50, ...
c) **4**, **1**, 5, 6, 11, 17, 28, 45, ...
d) **1**, **1**, 2, 3, 5, 8, 13, 21, ...

Die Zahlen in Folge d) heißen auch Fibonacci-Zahlen.

2 Setze nach der Fibonacci-Regel fort bis zur fünften Zahl.

a) 4, 3, ...
10, 15, ...
0, 3, ...
1, 1, ...
1, 0, ...

2a) 4, 3, 7, 10, 17
10, 15, 25, 40, 65

b) 10, 1, ...
20, 1, ...
10, 5, ...
20, 6, ...
100, 50, ...

c) 2, 2, ...
20, 20, ...
22, 22, ...
23, 21, ...
24, 30, ...

d) 14, 4, ...
30, 16, ...
10, 6, ...
21, 7, ...
101, 50, ...

3 Die erste Zahl wird immer um 1 vergrößert, die zweite bleibt fest.
Setze nach der Fibonacci-Regel fort bis zur fünften Zahl.

a) 4, 3, 7, 10, 17
5, 3, 8, 11, 19
6, 3, 9, ...
7, 3, ...

b) 1, 1, ...
2, 1, ...
3, 1, ...
4, 1, ...

c) 30, 10, ...
31, 10, ...
32, 10, ...
33, 10, ...

d) Wie ändert sich jeweils die fünfte Zahl? Begründe.

4 Die erste Zahl bleibt fest, die zweite wird immer um 1 vergrößert.
Setze nach der Fibonacci-Regel fort bis zur fünften Zahl.

a) 4, 3, 7, 10, 17
4, 4, 8, 12, 20
4, 5, ...
4, 6, ...

b) 1, 1, ...
1, 2, ...
1, 3, ...
1, 4, ...

c) 30, 10, ...
30, 11, ...
30, 12, ...
30, 13, ...

d) Wie ändert sich jeweils die fünfte Zahl? Begründe.

Forschen und Finden

5 Wähle eine beliebige Zielzahl.
Wie musst du die erste und die zweite Zahl wählen, damit die Zielzahl als fünfte Zahl herauskommt?
Finde immer mehrere Lösungen.
Bei der Zielzahl 100 gibt es 17 Lösungen.
Kannst du sie alle finden?

Zielzahl 20
4, 4, 8, 12, 20
7, 2, 9, 11, 20

Zielzahl 55
5, 15, 20, 35, 55
17, 7, 24, 31, 55

Zielzahl 100
47, 2, 49, 51, 100
29, 14, 43, 57, 100

Skizzen zeichnen

1 **Wie lang und breit ist die Tischdecke? Zeichnet eine Skizze.**

Ein Tisch ist 1,50 m lang und 0,60 m breit.
Wenn man die Tischdecke auflegt, hängt sie an allen Seiten 20 cm über.
Wie lang und wie breit ist die Tischdecke? Zeichnet zuerst, überlegt und rechnet.

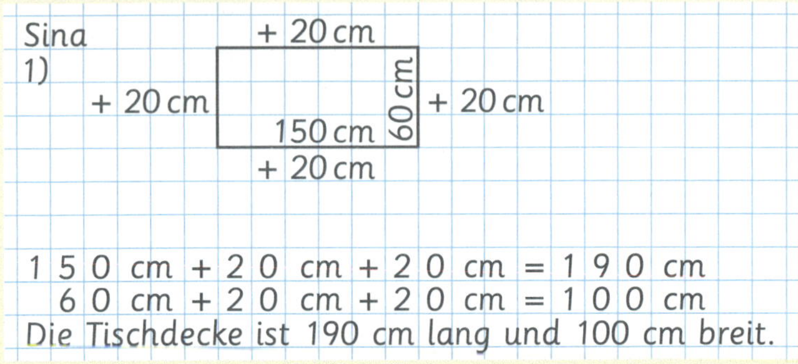

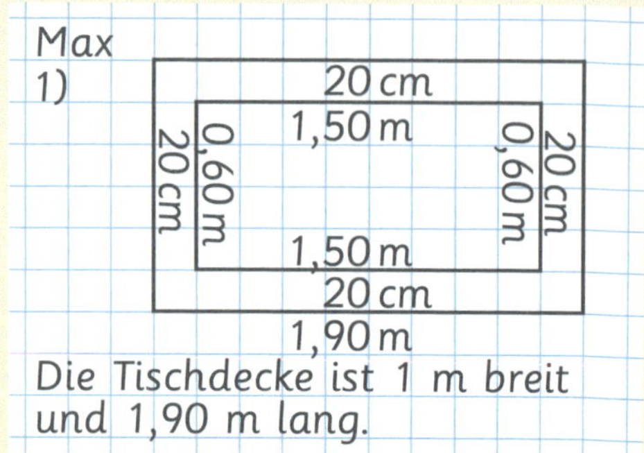

Wie haben die Kinder überlegt und gerechnet? Vergleicht mit euren Lösungen.

2 Ein rechteckiger Tisch ist 1,20 m lang und 0,70 m breit. Die Tischdecke soll an allen Seiten 25 cm überhängen. **?**

3 Ein quadratischer Esstisch ist 0,90 m lang und breit. Die Tischdecke soll an allen Seiten 25 cm überhängen. **?**

4 Lea möchte eine Tischdecke, die 1 m breit und 1,95 m lang ist, mit einem roten Band einfassen.

a) Wie lang muss das Band sein? (Umfang)

b) 1 m Band kostet 1,20 €. **?**

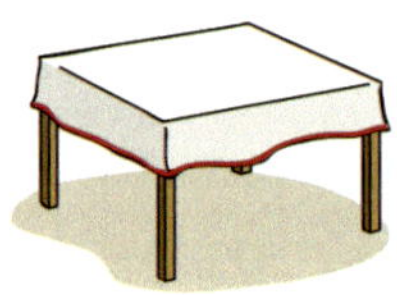

5 Berechne den Umfang.

a) Ein Rechteck ist 17 cm lang und 5 cm breit.

b) Ein Rechteck ist 1,40 m lang und 0,80 m breit.

c) Die Seite eines Quadrats misst 13 cm.

6 Eine rechteckige Terrasse von 6 m Länge und 4 m Breite soll mit Betonplatten ausgelegt werden. Die Platten sind 50 cm lang und 50 cm breit. Wie viele Platten werden benötigt?

7 Ein rechteckiger Obstgarten, der 570 m lang und 130 m breit ist, soll eingezäunt werden. Wie viele Meter Zaun braucht man ungefähr?

Blitzrechnen: Einmaleins und Zehner-Einmaleins

Einmaleins-Aufgabe nennen.

Aufgabe und verwandte Aufgaben rechnen.

1–7 Zu Sachaufgaben Skizzen als Lösungshilfe zeichnen. Zur Grundlegung und zum weiteren regelmäßigen Üben.

8 a) Eine Giraffenmutter und ihr Baby wiegen zusammen 1000 kg. Die Mutter ist 800 kg schwerer als ihr Junges. ?

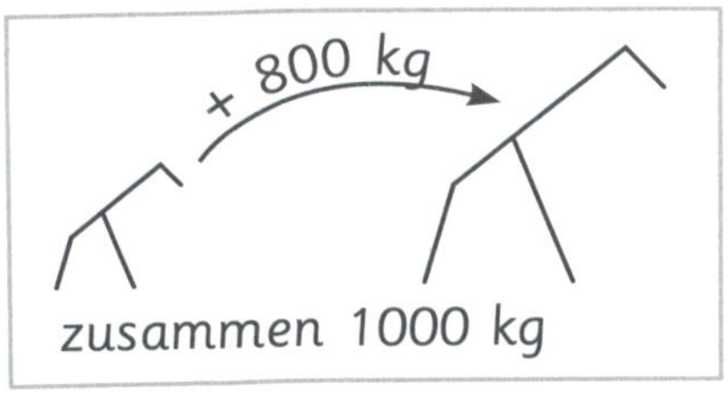

b) Eine Seelöwin und ihr Baby wiegen zusammen 100 kg. Die Mutter ist 90 kg schwerer als ihr Kind. ?

9 a)

Erster Ferientag Letzter Ferientag

Wie viele Tage dauern die Ferien?

9a) ... Tage ... Tage
21. Juli 31. Juli 1. August 30. August

b) Vom 22. Dezember bis 6. Januar sind Weihnachtsferien. ?

c) Vom 28. März bist 12. April sind Osterferien. ?

10 In den ersten 20 Jahren wächst eine Fichte etwa 30 cm im Jahr.
Auf dem Marktplatz steht jedes Jahr zu Weihnachten eine Fichte, die mindestens 5 m hoch ist. ?

11 Jonah misst die Wand seines Zimmers. Es sind von Wand zu Wand 4 m 52 cm.
Er möchte an dieser Wand sein Bett aufstellen, das 2 m 6 cm lang ist, seinen Kleiderschrank von 1,20 m Breite und ein oder zwei neue Regale. Die Regale gibt es im Möbelhaus in 60 cm und 80 cm Breite. ?

12 Gib alle Ergebnisse in m an.

a) 150 cm, 165 cm, 350 cm, 899 cm.

12a) 1 5 0 cm = 1, 5 0 m

b) 105 cm, 65 cm, 305 cm, 89 cm.

13 Gib alle Ergebnisse in cm an.

a) 2 · 2,50 m; 3 · 1,10 m; 5 · 1,11 m.

13a) 2 · 2, 5 0 m = 5 0 0 cm

b) 70 cm + 1,20 m; 2,35 m + 72 cm.

Blitzrechnen: Einmaleins und Zehner-Einmaleins umgekehrt

Umkehraufgabe des Einmaleins nennen.

Aufgabe und verwandte Aufgaben rechnen.

8–13 Zu Sachaufgaben Skizzen als Lösungshilfe zeichnen. Zur Grundlegung und zum weiteren regelmäßigen Üben. → Arbeitsheft, Seiten 13, 14

Werkzeuge

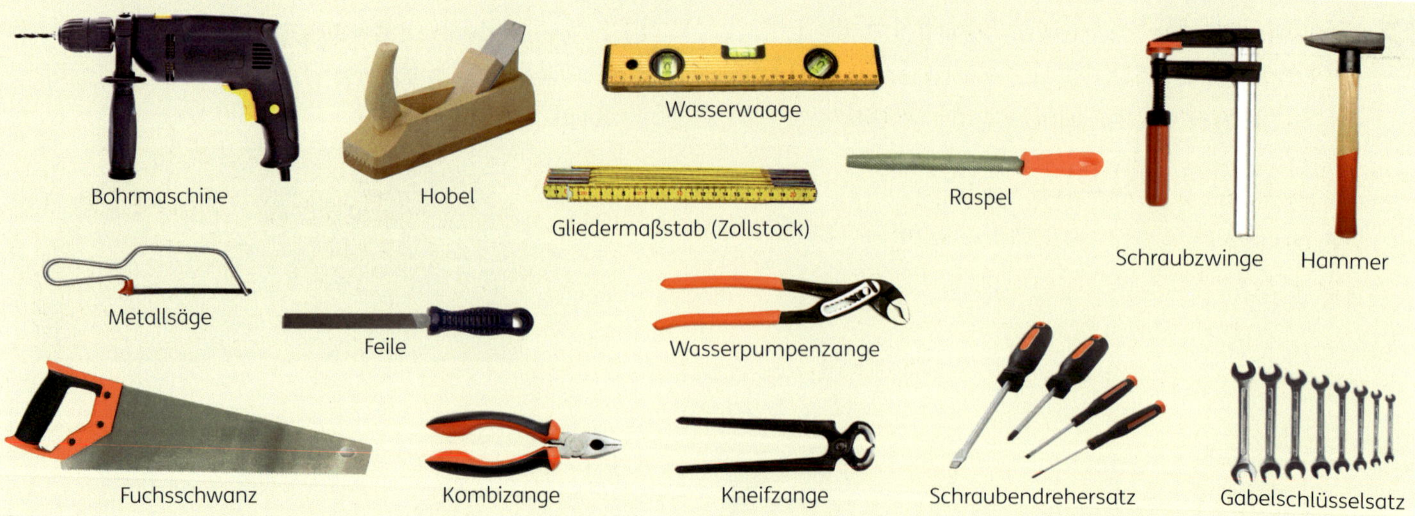

Für Heimwerker und Heimwerkerinnen gehören diese Werkzeuge zur Grundausrüstung.

1 Erkundige dich, welche Werkzeuge ihr zu Hause habt.
Welche Arbeiten kannst du mit diesen Werkzeugen ausführen?

2

Werkzeug	Preis in €	Werkzeug	Preis in €
Bohrmaschine	45 bis 210	Fuchsschwanz	8 bis 66
Hobel	25 bis 55	Raspel	9 bis 17
Wasserwaage	9 bis 34	Feile	7 bis 19
Gliedermaßstab	4 bis 16	Wasserpumpenzange	8 bis 31
Schraubzwinge	5 bis 26	Kombizange	5 bis 28
Hammer, 100 g	4 bis 27	Kneifzange	9 bis 17
Hammer, 200 g	6 bis 37	Gabelschlüsselsatz	12 bis 71
Metallsäge	10 bis 35	Schraubendrehersatz	14 bis 45

a) Berechne die ungefähren Anschaffungskosten für eine einfache Ausrüstung.

b) Berechne die ungefähren Anschaffungskosten für eine hochwertige Ausrüstung.

3

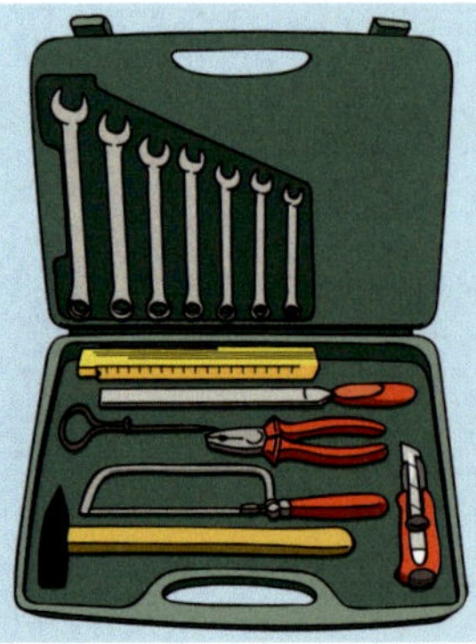

Unser Angebot

1 Hammer (100 g)
1 Gliedermaßstab
1 Metallsäge
1 Kombizange
1 Feile
1 Teppichmesser
1 Satz Gabelschlüssel
1 Nagelbohrer

! zusammen nur **39,95** Euro

a) Was hältst du von diesem Angebot?

b) Berechne die ungefähren Kosten für die Ausrüstung, wenn du die Werkzeuge einzeln kaufen würdest.

■ **1–3** Sachwissen über Werkzeuge erarbeiten und rechnerisch durchdringen (Überschlag).

1 Die Waschmaschine ist defekt.
Der Kundendienst muss kommen.
Für die Reparatur braucht der Monteur insgesamt 2 Stunden.
Er berechnet pro Stunde 48 Euro.
Hinzu kommen noch die Kosten für die Ersatzteile in Höhe von 134,50 Euro und die Fahrt in Höhe von 17 Euro.
Wie viel kostet die Reparatur insgesamt?

Sophie:

1)

Arbeitskosten	Ersatzteile	Fahrt
48 € + 48 €	134,50 €	17 €

```
Arbeitskosten      96,00
Ersatzteile       134,50
Fahrt           +  17,00
                  ------
                  247,50
```

Die Reparatur kostet 247,50 €.

Matti:

```
1)     48,00 €
      134,50 €
    +  17,00 €
      --------
      199,50 €
```

Reparaturkosten: 199,50 €

a) Wie hat Sophie überlegt?
b) Was hat Matti nicht beachtet?
c) Vergleiche mit deiner Lösung.

2 Für eine Arbeitsstunde berechnet eine Autowerkstatt 44 Euro pro Stunde.
Wie hoch sind die Lohnkosten bei einer Arbeitszeit von 30 min, 1 h, 1 h 30 min, 2 h, 2 h 30 min, 3 h?
Lege eine Tabelle an.

2)

Arbeitszeit	30 min	1 h	1 h 30 min
Kosten		44 €	

3 Eine Fernsehmonteurin installiert von 14.15 Uhr bis 16.45 Uhr eine Satelliten-Anlage.
Pro Arbeitsstunde werden 38 Euro berechnet. ?

4 Eine Gartenbaufirma legt einen Rasen an. Sie berechnet für den Meister 2 Stunden (pro Stunde 40 Euro), für den Gesellen 4 Stunden (pro Stunde 36 Euro) und für den Helfer 3 Stunden (pro Stunde 28 Euro). Für Samen und Dünger werden 186 Euro berechnet. ?

5 Eine Keramikerin fertigt ein Geschirr mit 12 Kaffeegedecken an.
Für einen Teller berechnet sie 13 Euro, für eine Untertasse 7 Euro und für eine Tasse 9 Euro. ?

■ **1** Das Prinzip von Handwerkerrechnungen erklären. **2** Kosten für Bruchteile von Arbeitsstunden berechnen.

Multiplikationsaufgaben in der Umwelt

Rügenbrücke
Schrägseilbrücke zwischen Rügen und Stralsund.

Aus Sicherheitsgründen wird ein Drahtseil aus vielen Drähten zusammengedreht.

1 **Wie rechnet ihr die Aufgabe 8 · 37?**

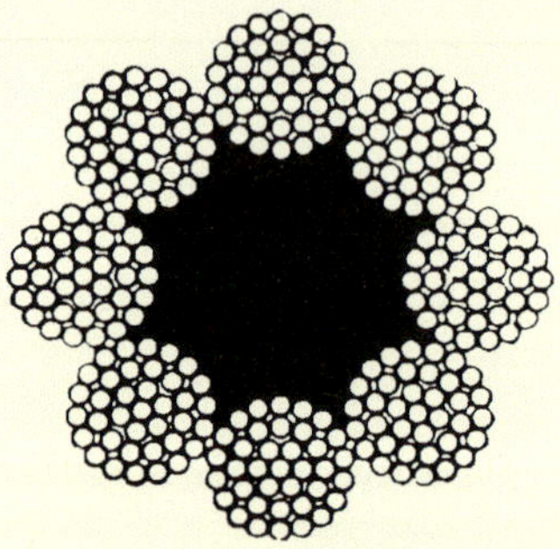

Drahtseil-Querschnitt:
Dieses Drahtseil besteht aus 8 Litzen mit je 37 Drähten und einer Fasereinlage in der Mitte.

Aus wie vielen einzelnen Drähten besteht das Drahtseil?

Ben

1) 8 · 37 = 240 + 56 =
8 · 30
8 · 7

Kaja

1)

·	30	7	
8			

Felix

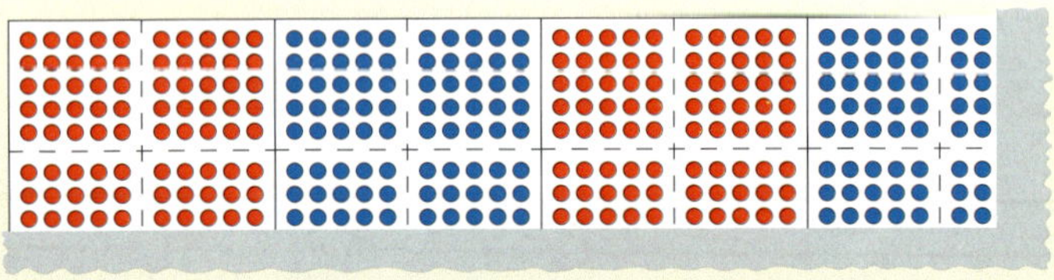

1) 80 + 80 + 80 + 56 =

Sarah

1) 10 · 37 = 370
8 · 37 = 370 − 74 =

Wie rechnen die Kinder? Vergleicht mit euren Rechenwegen.

2 a) Rechne mit deinem Rechenweg.

6 · 18 19 · 7 6 · 19 6 · 7 18 · 7

b) Welche der Multiplikationsaufgaben aus a) gehören zu welchem Drahtseil?

A
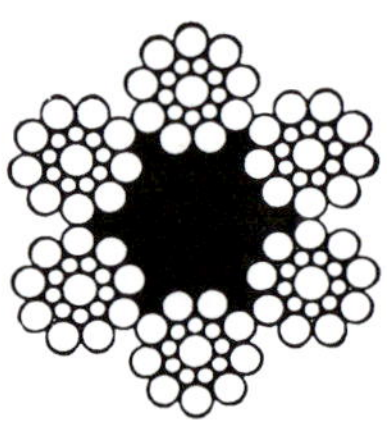

B
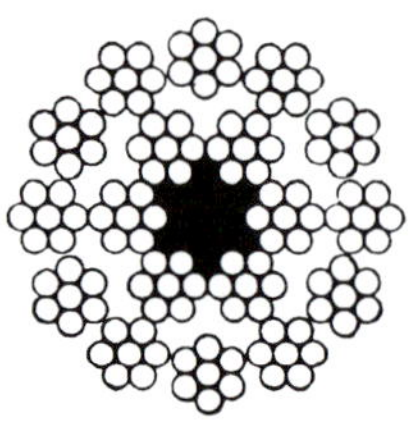

C
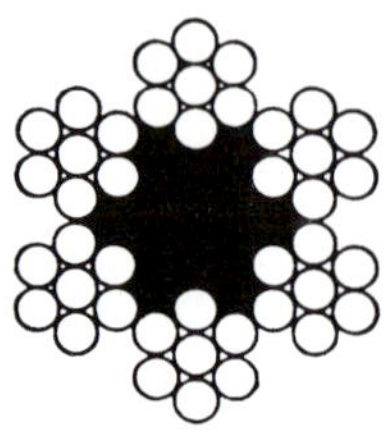

D
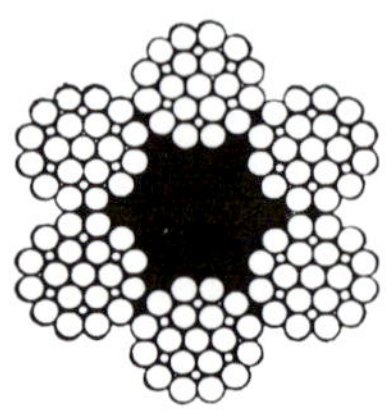

E
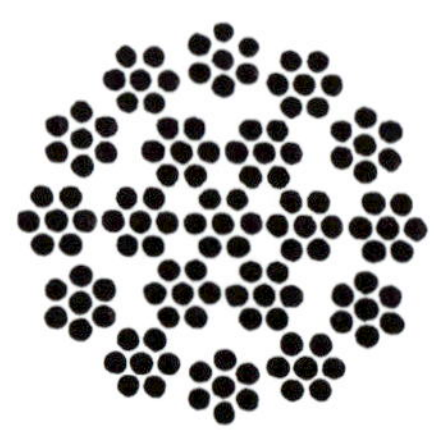

■ **1–2** Verschiedene Rechenwege und Überschlag bei der Multiplikation berechnen (Mathekonferenz).

1 Wie rechnet ihr 365 · 4?

Die Grundschulzeit dauert meist vier Jahre.
Wie viele Tage sind das?

Christian
1)
2 Jahre: 365 + 365 = 730
4 Jahre: 730 + 730 = 1460

Zoey
1)
365 · 4 = 1200 + 240 + 20 = 1460

300 · 4
60 · 4
5 · 4
1460 Tage + 1 Schalttag.

Tarek
1)

1. Jahr	365
2. Jahr	365
3. Jahr	365
4. Jahr	+ 365
	1 2 2
	1460

Sophie
1)

·	4
300	1200
60	240
5	20
	1460

Wie rechnen die Kinder? Welche einfachen Aufgaben benutzen sie?
Vergleicht mit euren Rechenwegen.

2 Probiere selbst. Denke auch an die Tauschaufgabe.

a) 3 · 172
143 · 7

b) 3 · 209
3 · 290

c) 6 · 143
3 · 146

d) 5 · 124
4 · 125

e) 167 · 4
164 · 7

3 Wie viele Stunden sind die Tierkinder alt?

Fohlen: 2 Tage

Küken: 3 Tage

Jungstörche: 6 Tage

Hundewelpen: 9 Tage

4 Wie viele Stunden haben 1, 2, 3, 4, ..., 10 Tage? Lege eine Tabelle an.

4)

Tage	1	2	3	4	5	6	7	8	9	10
Stunden	24	48								

5 Ein Jahr hat 52 Wochen. Wie viele Wochen haben 1, 2, 3, 4, ..., 10 Jahre? Lege eine Tabelle an.

1 Verschiedene Rechenwege aufzeigen und besprechen (Mathekonferenz). **2** Multiplikationsaufgaben auf eigenen Wegen rechnen. **3–5** Multiplikationsaufgaben schrittweise oder mit dem Malkreuz berechnen.

Von einfachen zu schwierigen Multiplikationsaufgaben

1 Rechne mit dem Malkreuz. Vergleiche die Ergebnisse. Warum sind sie verschieden?

a) 6 · 18 und 8 · 16

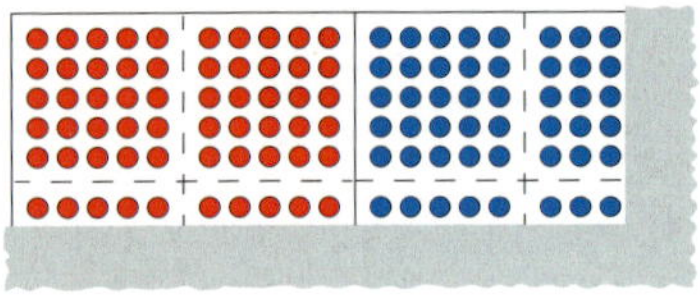

6 · 18

·	10	8	
6			

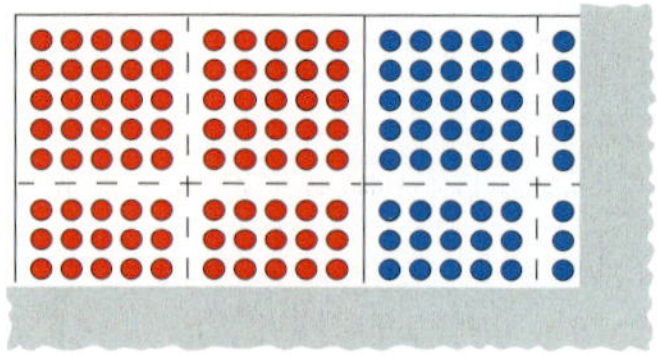

8 · 16

·	10	6	
8			

b) 7 · 16 und 6 · 17 c) 4 · 16 und 6 · 14 d) 5 · 18 und 8 · 15 e) 2 · 19 und 9 · 12

2 Zeige die folgenden Aufgaben am Tausenderfeld und berechne sie mit dem Malkreuz.

a) 4 · 26

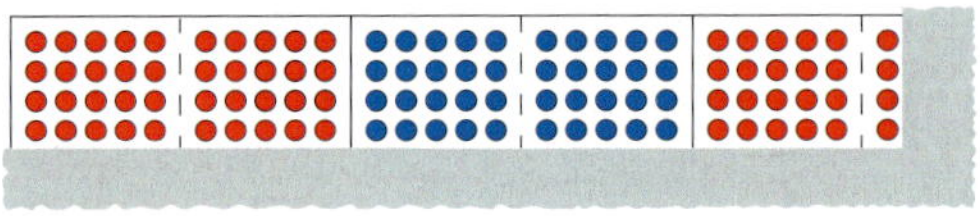

·	20	6	
4	80	24	
			104

b) 6 · 24

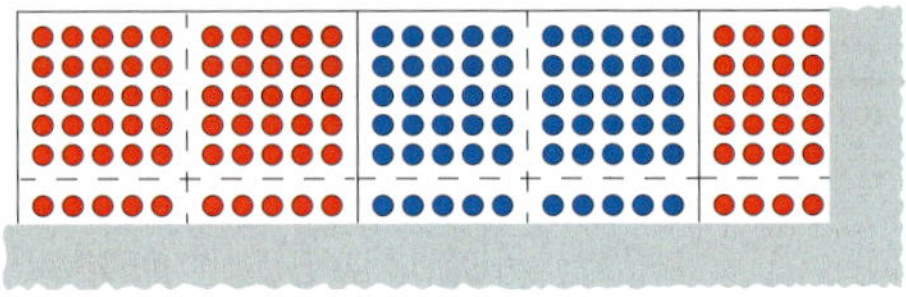

·	20	4	
6			

c) 6 · 42

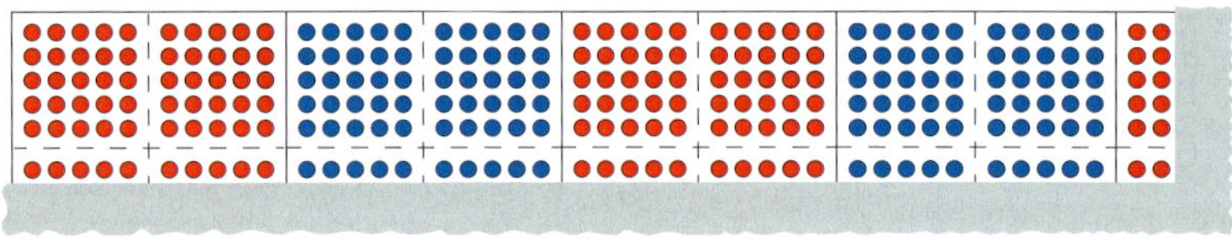

·	40	2	
6			

d) 4 · 62 e) 2 · 46 f) 2 · 64

3 Berechne ebenso mit dem Malkreuz.

a) 3 · 57 5 · 37 7 · 35
3 · 75 5 · 73 7 · 53

b) 2 · 68 6 · 82 8 · 26
2 · 86 6 · 28 8 · 62

4 a) 4 · 57
4 · 50
4 · 7

4a) 4 · 57 =
4 · 50 = 200
4 · 7 = 28

b) 6 · 33
6 · 30
6 · 3

c) 5 · 68
5 · 60
5 · 8

d) 4 · 99
4 · 90
4 · 9

e) 9 · 56

5 a) 4 · 168
4 · 100
4 · 60
4 · 8

5a) 4 · 168 =
4 · 100 = 400
4 · 60 = 240
4 · 8 = 32

b) 8 · 146
8 · 100
8 · 40
8 · 6

c) 6 · 184
6 · 100
6 · 80
6 · 4

d) 4 · 207
4 · 200
4 · 7

e) 3 · 327
3 · 300
3 · 20
3 · 7

■ **1–3** Große Zahlen am Tausenderfeld legen und am Malkreuz in Teilrechnungen zerlegen **4–5** Große Zahlen in Stellenwerte zerlegen und Multiplizieren auf das Einmaleins zurückführen. → Verstehen und Trainieren 4, Seiten 8, 9

1 a) Berechne die 23er Reihe. Überlege vorher, wie du vorteilhaft (evtl. im Kopf) rechnen kannst.

1 · 23	2 · 23	3 · 23	4 · 23	5 · 23	6 · 23	7 · 23	8 · 23	9 · 23	10 · 23

Lina rechnet:

1a)
1 · 23 = 23
2 · 23 = 46

10 · 23 = 230
9 · 23 =
230 − 23 =

5 · 23 =
230 : 2 = 115

8 · 23 =
8 · 20 = 160
8 · 3 = 24

b) Berechne ebenso die 37er-Reihe

1 · 37	2 · 37	3 · 37	4 · 37	5 · 37	6 · 37	7 · 37	8 · 37	9 · 37	10 · 37

c) Trage beide Reihen in die Tabelle ein und berechne von jeder Spalte die Summe.

1c)										
23er-Reihe	23	46								230
37er-Reihe	37	74								370
Summe	60									

d) Was fällt dir auf? Begründe am Tausenderfeld.

2 Rechne ebenso mit der 53er-Reihe und der 47er-Reihe. Berechne die Summen. Was fällt dir auf?

2)										
53er Reihe	53	106								530
47er-Reihe	47	94								
Summe	100									

3 Rechne ebenso.

a) mit der 24er-Reihe und der 26er-Reihe.

b) mit der 32er-Reihe und der 18er-Reihe.

c) mit der 21er-Reihe und der 19er-Reihe.

d) Finde andere Reihen, mit denen du schöne Summen bilden kannst.

4 Schöne Ergebnisse?

a)	b)	c)	d)	e)	f)	g)
296 · 3	6 · 120	9 · 89	69 · 5	2 · 315	128 · 9	499 · 2
259 · 3	5 · 144	6 · 117	76 · 6	3 · 210	384 · 3	332 · 3
185 · 3	4 · 180	3 · 201	81 · 7	5 · 126	288 · 4	142 · 7
148 · 3	3 · 240	6 · 85	226 · 3	6 · 105	145 · 8	248 · 4
222 · 3	2 · 370	9 · 45	263 · 3	7 · 80	192 · 6	198 · 5

■ **1–4** Produkte vorteilhaft berechnen. Dabei Muster zur Kontrolle bzw. Selbstkontrolle benutzen. → Arbeitsheft, Seite 15

Rechenwege bei der Division

1 Wie rechnet ihr 107 : 6?

Auf dem Bio-Bauernhof legten die Hühner 107 Eier.
Wie viele volle Packungen mit 6 Eiern ergibt das?

Tom
107 : 6 = 17 R 5
60 : 6 = 10
47 : 6 = 7 R 5

Probe: 6 · 17 = 102
6 · 10 = 60
6 · 7 = 42
102 + 5 = 107

Elif
107 : 6 = 17 R 5
60 : 6 = 10
R 47
42 : 6 = 7
R 5

Probe:

·	10	7	
6	60	42	102

102 + 5 = 107

Burhan
107 : 6 = 17 R 5
60 : 6 = 10
R 47
30 : 6 = 5
R 17
12 : 6 = 2
R 5

17 Packungen, 5 Eier bleiben übrig.

Wie rechnen die Kinder? Welche einfachen Aufgaben benutzen sie?
Vergleicht mit euren Rechenwegen.

2 Rechne auf deinem Weg. Wie viele Packungen mit 6 Eiern ergibt das?
a) 150 Eier b) 200 Eier c) 250 Eier

3 Wie rechnet ihr 956 : 4?

Beim Schulfest wurden 956 Euro eingenommen. Das Geld wird auf vier Jahrgänge aufgeteilt.

Janne
956 : 4 = 239
400 : 4 = 100
R 556
400 : 4 = 100
R 156
120 : 4 = 30
R 36
36 : 4 = 9
R 0

Maja
956 : 4 = 239
800 : 4 = 200
R 156
120 : 4 = 30
R 36
36 : 4 = 9

Alexej
956 : 4 = 239
800 : 4 = 200
100 : 4 = 25
40 : 4 = 10
16 : 4 = 4

Fabian
1000 : 4 = 250
960 : 4 = 240
956 : 4 = 239

Lily
956 : 2 = 478
900 : 2 = 450
56 : 2 = 28

478 : 2 = 239
400 : 2 = 200
78 : 2 = 39

Wie rechnen die Kinder? Welche einfachen Aufgaben benutzen sie?
Vergleicht mit euren Rechenwegen.

4 Probiere selbst.
a) 856 : 4 b) 856 : 8 c) 428 : 4
d) 344 : 8 e) 678 : 3 f) 462 : 7

5 Die Astrid-Lindgren-Schule hat beim Schulfest 920 Euro eingenommen. Das Geld wird auf die 8 Klassen verteilt. ?

■ **1–4** Rechenwege zur halbschriftlichen Division im Tausender besprechen (Mathekonferenz).

Von einfachen zu schwierigen Divisionsaufgaben

1 Kleine und große Divisionsaufgaben.

a) 108 : 6
60 : 6
48 : 6

1a) 108 : 6 = 18
60 : 6 = 10
48 : 6 = 8

b) 64 : 4
40 : 4
24 : 4

c) 90 : 5
50 : 5
40 : 5

d) 112 : 8
80 : 8
32 : 8

e) 117 : 9

2 Kleine und große Divisionsaufgaben mit Rest.

a) 100 : 7
70 : 7
30 : 7

2a) 100 : 7 = 14 R 2
70 : 7 = 10
30 : 7 = 4 R 2

b) 100 : 8
80 : 8
20 : 8

c) 100 : 9

d) 70 : 4

e) 66 : 5

3 Dividiere Schritt für Schritt.

a) 492 : 4
400 : 4
80 : 4
12 : 4

3a) 492 : 4 = 123
400 : 4 = 100
80 : 4 = 20
12 : 4 = 3

b) 684 : 3
600 : 3
60 : 3
24 : 3

c) 548 : 8

d) 414 : 6

e) 784 : 7

4 Teile die Geldbeträge. Welche Ergebnisse sind gleich? Begründe.

a) 976 Euro : 8 b) 488 Euro : 4 c) 244 Euro : 2 d) 488 Euro : 8
e) 976 Euro : 4 f) 488 Euro : 2 g) 244 Euro : 4 h) 122 Euro : 2

5 Rechne und vergleiche die Ergebnisse.

a)	b)	c)	d)	e)	f)	g)
360 : 6	350 : 5	416 : 4	630 : 7	246 : 6	900 : 9	320 : 4
366 : 6	175 : 5	208 : 4	315 : 7	246 : 3	882 : 9	328 : 4
183 : 3	170 : 5	104 : 4	308 : 7	123 : 3	441 : 9	656 : 4

6 Rechne und schreibe deinen Rechenweg auf. Mache die Probe.

a) 954 : 6
945 : 9
945 : 7
945 : 5
954 : 9

6a) 954 : 6 = 159
600 : 6 = 100
300 : 6 = 50
54 : 6 = 9

Probe: 6 · 159 = 954
6 · 100 = 600
6 · 50 = 300
6 · 9 = 54

b) 504 : 9
504 : 8
504 : 7
504 : 6
504 : 3

c) 336 : 3
336 : 4
336 : 6
336 : 7
336 : 8

7 Eine Tierforscherin wiegt 7 neugeborene Igel.
Die Waage zeigt 150 g. Wie viel wiegt ein kleiner Igel etwa?

8 Sophia, Paul, Tobias und Lenka fahren mit der Bahn nach Berlin.
Die Fahrt kostet für alle zusammen 168 Euro. ?

9 Fünf Freunde zahlen für die Bahnfahrt nach Hamburg 210 Euro. ?

1–5 Zusammenhänge zwischen Aufgaben erkennen, evtl. begründen. **6** Aufgaben rechnen, Proben durchführen.
7–9 Sachaufgaben zur Division. → Arbeitsheft, Seite 16 → Verstehen und Trainieren 4, Seiten 10, 11

Übungen zur Division

1 Bilde jeweils alle sechs dreistelligen Zahlen aus den angegebenen Ziffernkarten und dividiere alle Zahlen durch 3.

a) [2] [3] [4] b) [2] [3] [5] c) [2] [3] [6]

d) [3] [4] [5] e) Welche Zahlen sind ohne Rest durch 3 teilbar, welche haben einen Rest?

1a) 2 3 4, 2 4 3, 3 2 4, 3 4 2, 4 2 3, 4 3 2
2 3 4 : 3 = 7 8
2 1 0 : 3 = 7 0
2 4 : 3 = 8

2 Die folgenden Zahlen haben alle die Quersumme 3 und sind deshalb mit 3 Plättchen an der Stellentafel zu legen: 3, 12, 21, 30, 102, 111, 120, 201, 210, 300

a) Überzeuge dich, dass alle diese Zahlen durch 3 ohne Rest teilbar sind.

b) Addiere immer zwei Zahlen und teile ebenfalls durch 3.

c) Subtrahiere immer zwei Zahlen und teile ebenfalls durch 3.

2b) 1 1 1 + 3 0 = 1 4 1 1 4 1 : 3 = 4 7
1 2 0 : 3 = 4 0
2 1 : 3 = 7

2c) 3 0 0 − 3 = 2 9 7 2 9 7 : 3 = 9 9
2 7 0 : 3 = 9 0
2 7 : 3 = 9

3 Gegeben sind die Zahlen 1, 2, 4, 8, 16, 32, 64, 128, 256, 512, 1 024.

a) Wie lautet die Regel für diese Zahlenfolge?

b) Dividiere wenn möglich die Zahlen zuerst durch 2, dann durch 4 und durch 8. Beginne von hinten bei 1 024.

c) Was fällt dir auf? Begründe.

4 Rechne und vergleiche.

a)	b)	c)	d)	e)	f)	g)
720 : 2 720 : 4	720 : 3 720 : 6	720 : 8 720 : 4	720 : 10 720 : 5	420 : 6 420 : 2	720 : 9 720 : 3	480 : 8 480 : 2
148 : 2 148 : 4	222 : 3 222 : 6	488 : 8 488 : 4	480 : 10 480 : 5	336 : 6 336 : 2	243 : 9 243 : 3	352 : 8 352 : 2
356 : 2 356 : 4	348 : 3 348 : 6	296 : 8 296 : 4	840 : 10 840 : 5	444 : 6 444 : 2	504 : 9 504 : 3	512 : 8 512 : 2

5 Schöne Ergebnisse. Setze fort.

a)	b)	c)	d)	e)	f)	g)
369 : 3	850 : 2	896 : 8	364 : 7	882 : 9	987 : 3	325 : 5
492 : 4	972 : 3	784 : 7	441 : 7	784 : 8	876 : 3	396 : 6
615 : 5	892 : 4	672 : 6	518 : 7	686 : 7	765 : 3	469 : 7
738 : 6	610 : 5	560 : 5	595 : 7	588 : 6	654 : 3	544 : 8

6 736 : 4 = 184
Vergleiche mit den Ergebnissen von 368 : 4 und 736 : 8. Begründe.

■ Übungen zur halbschriftlichen Division.

1 a) Vergleicht Start- und Zielzahl. Beschreibt das Muster.

Start	· 10	+ 20	: 10	Ziel
2	20	40		4
3	30	50		5
4	40	60		6
5	50	70		7

c) Rechnet und beschreibt ebenso.

Start	· 10	− 20	: 10	Ziel
2	20	0		0

b) Startet die Rechenkette auch mit 6, 7, 8, 9, 10 und begründet das Muster.

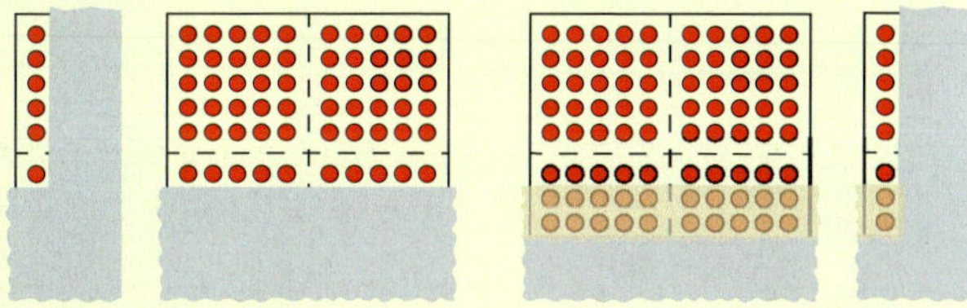

1b) 6 —· 10→ 60 —+ 20→ 80 —: 10→ 8

Startet auch mit 3, 4, 5, 6, ..., 10.

2 a)

Start	· 70	+ 140	: 70	Ziel
3	......	......		......

Starte auch mit 4, 5, 6, 7, 8.

b)

Start	· 70	− 140	: 70	Ziel
3	......	......		......

Starte auch mit 4, 5, 6, 7, 8, 9, 10.

c)

Start	· 70	+ 70	: 70	Ziel
3	......	......		......

Starte auch mit 4, 5, 6, 7, 8, 9.

d) Versuche, die Rechenketten so abzuändern, dass die Zielzahl immer um 1 kleiner ist als die Startzahl.

e) Versuche, die Rechenketten so abzuändern, dass die Zielzahl immer um 4 größer ist als die Startzahl.

3 a)

Start	· 90	+ 270	: 90	Ziel
3	......	......		......

Starte auch mit 4, 5, 6, 7.

b)

Start	· 90	− 270	: 90	Ziel
3	......	......		......

Starte auch mit 4, 5, 6, 7, 8, 9, 10.

c)

Start	· 90	− 90	: 90	Ziel
3	......	......		......

Starte auch mit 4, 5, 6, 8, 9, 10.

d) Versuche, die Rechenketten so abzuändern, dass die Zielzahl immer um 1 größer ist als die Startzahl.

e) Versuche, die Rechenketten so abzuändern, dass die Zielzahl immer um 2 kleiner ist als die Startzahl.

4 Finde verschiedene Rechenketten, bei denen die Zielzahl immer um 5 größer ist als die Startzahl und rechne Beispiele.

4) 4 —· 30→ 120 —+ 150→ 270 —: 30→ 9

■ **1–4** Wiederholung des Übungsformats „Rechenketten“. Operationen mit dem Malwinkel am Tausenderbuch für Begründungen nutzen („operative Beweise“).

Ein **Spiegelbuch** besteht aus zwei klappbaren Spiegeln. Man kann damit viele schöne Figuren erspiegeln.

Ein **Kaleidoskop** ist ein Spielzeug. Es ist wie ein Spiegelbuch aufgebaut. Das Wort Kaleidoskop stammt aus dem Griechischen und bedeutet „Schönbildschauen".

1

Zeichne diese Figur  auf ein Blatt Papier.
Mache daraus mit dem Spiegelbuch:

a) 

b) 

c) 

d) 

e) 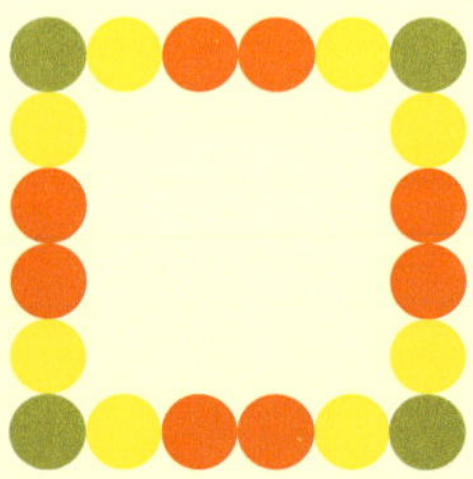

f) 

g) 

h) 

2 Zeige mit einem Stift die Symmetrieachsen der Figuren.

3 Finde weitere schöne Figuren.

■ **1–3** Mit Gewebeklebeband zwei Handspiegel zu einem Spiegelbuch zusammenkleben und aus der Ausgangsfigur Spiegelbilder herstellen.

4 Zeichne diese Figur  auf ein Blatt Papier.
Mache daraus mit dem Spiegelbuch:

a) 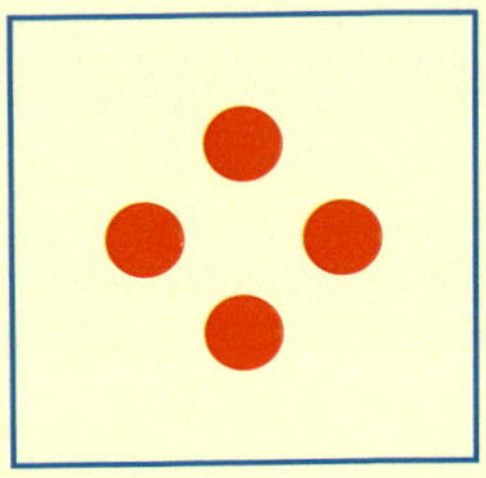

b) 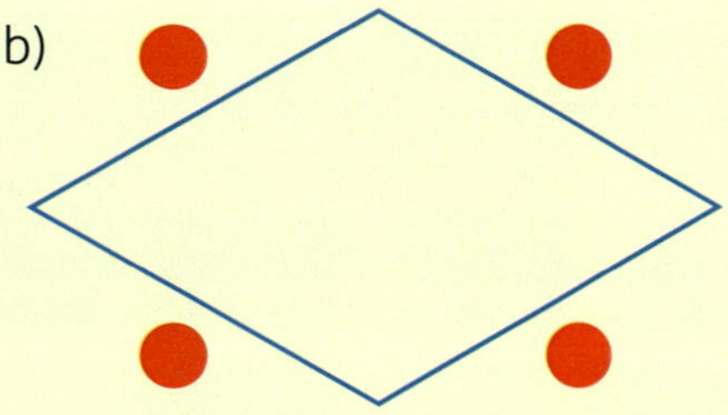

c) 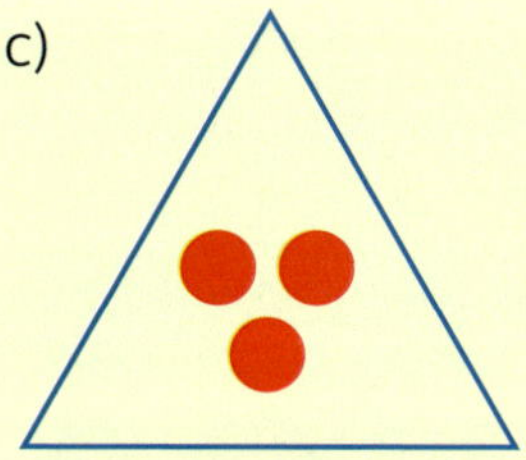

d) 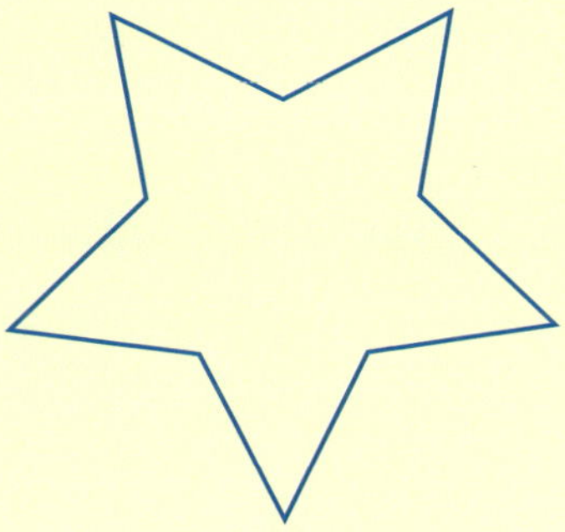

e) 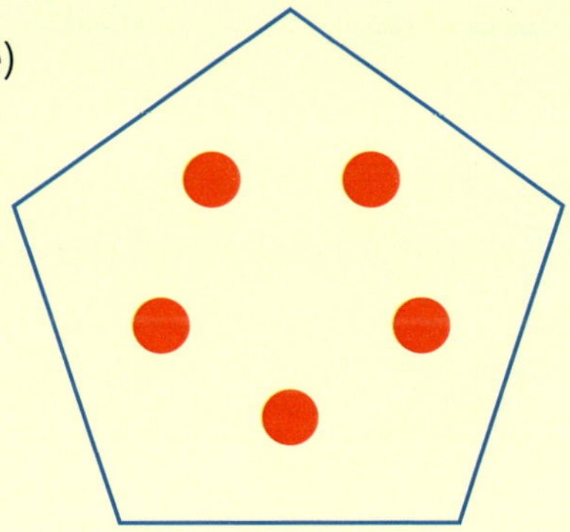

f) 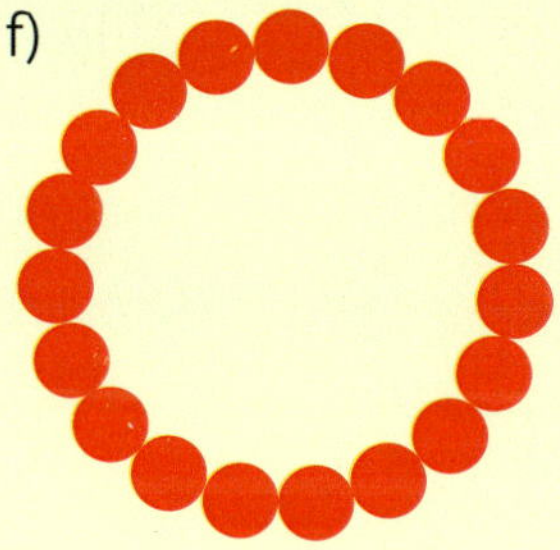

5 Zeichne die Figuren ab und spiegle die blauen Teile dreimal an den roten Spiegelachsen.
Prüfe mit dem Spiegel, ob du richtig gezeichnet hast.

a) 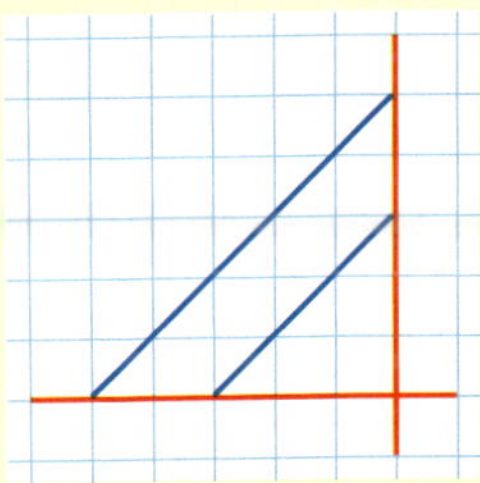

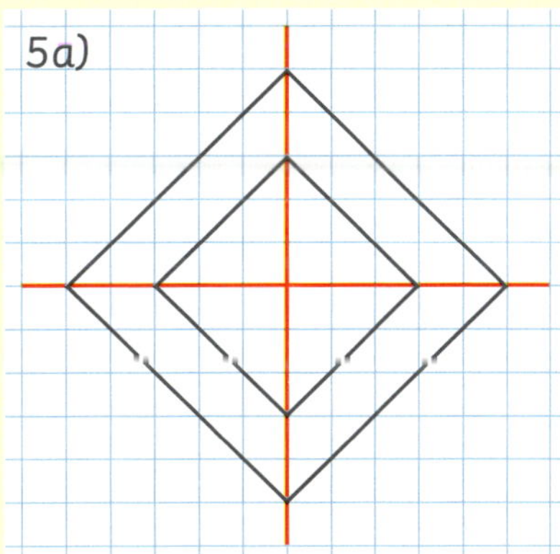

b) 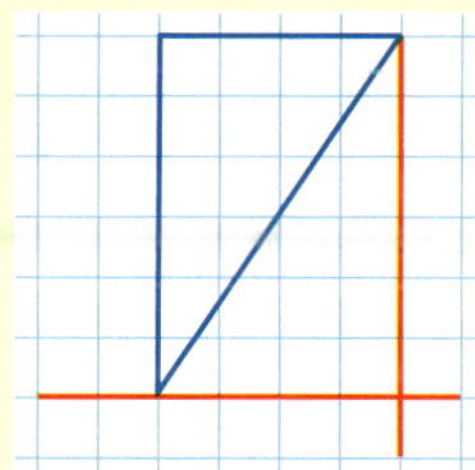

c) 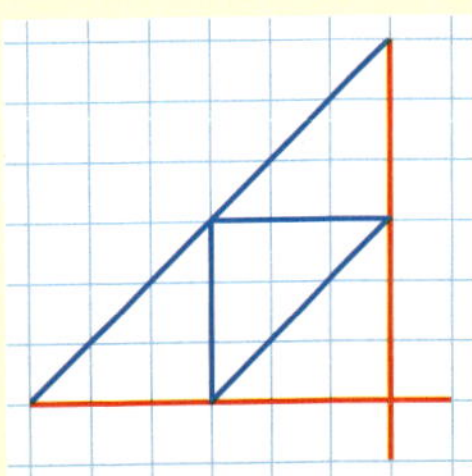

d) 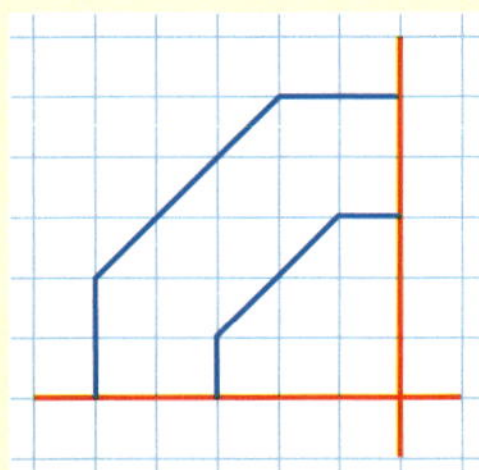

e) 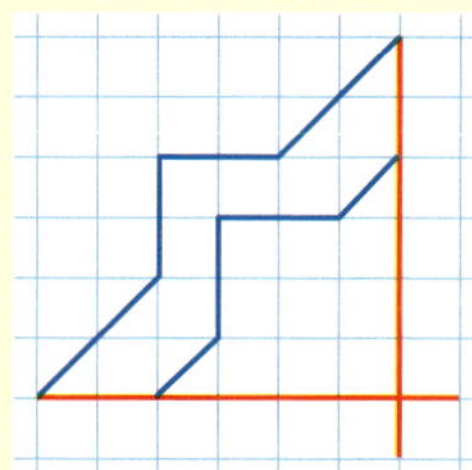

f) Erfinde selbst solche Figuren.
Zeichne sie in dein Heft.

Das Millionbuch hat 1 000 Felder.
Auf jedem Feld liegt 1 Tausenderbuch.
In jeder Zeile liegen 10 Tausenderbücher.
Auf jeder Seite liegen 100 Tausenderbücher.
Jede Zahl von 1 bis 1 000 000 hat im Millionbuch ihren bestimmten Platz.

1 Zeige am Millionbuch 58 volle Tausender und 654 Einer im nächsten angefangenen Tausender.
Die Zahl heißt 58 654, sprich „58tausend 654“.
Tipp: Schreibe nach den Tausendern eine Lücke.

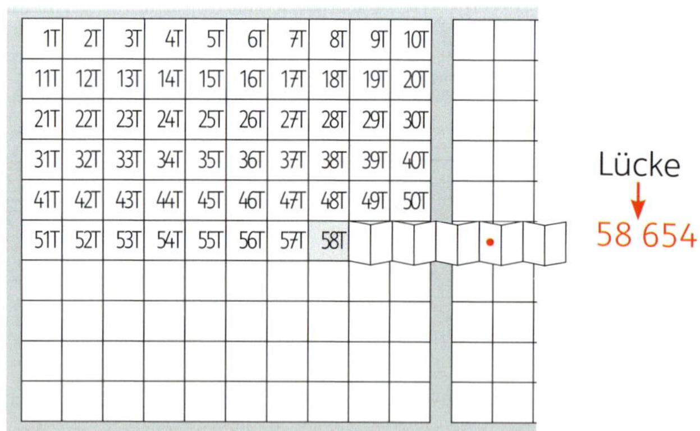

2 Zeige und erkläre ebenso.
a) 1 001, 1 250, 1 999, 2 000, 2 581
b) 25 699, 25 700, 25 846, 38 999, 39 000
c) 48 999, 50 000, 50 001, 50 010, 50 110
d) 61 333, 61 555, 70 734, 70 934, 71 000
e) 84 005, 84 050, 84 500, 99 999, 100 000

3 Ein Marathonlauf geht über 42 km 195 m.
Wie viele Meter sind das? (1 km = 1 000 m)
Überlege am Millionbuch.

1, 2 Aufbau der Million durch sukzessive Hinzufügung von Tausenderbüchern erarbeiten. Tausender (T) als neue Einheit einführen. 3 Millionbuch für Größenbeziehungen nutzen.

Die Zahl 166 479 im Millionbuch.

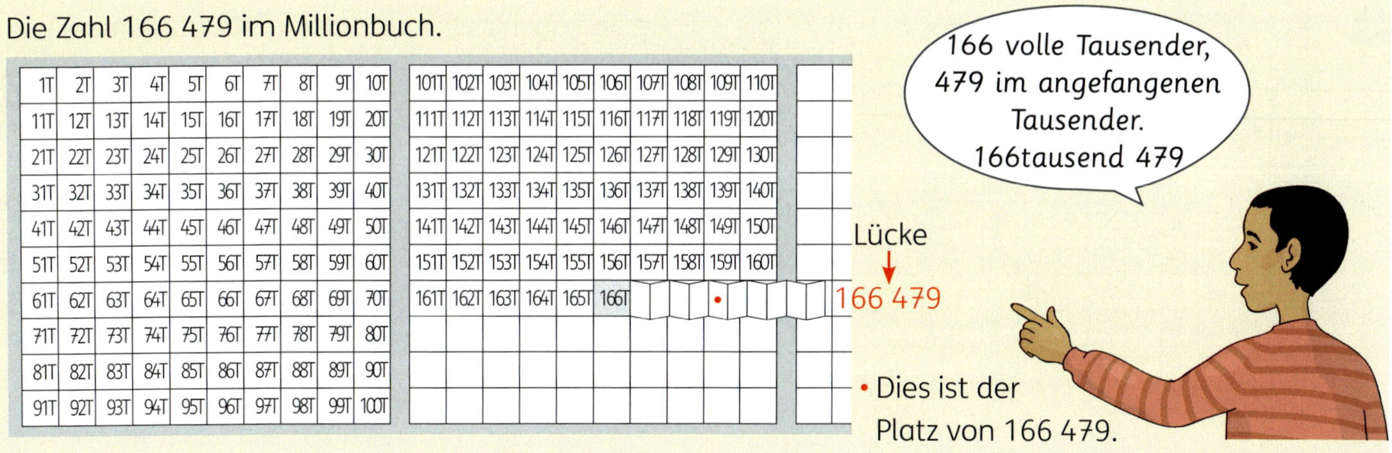

4 Lies und erkläre die Zahlen am Millionbuch ebenso.

a)	b)	c)	d)	e)	f)	g)
100 001	102 500	7 815	23 730	9 999	1 111	750
100 010	102 750	78 150	230 730	99 999	11 111	7 502
100 100	103 000	781 500	203 730	999 999	111 111	75 200

5 Fülle auf zum nächsten Tausender. Von
a) 123 000 in 100er-Schritten zu 124 000.
b) 154 500 in 50er-Schritten zu 155 000.
c) 179 900 in 10er-Schritten zu 180 000.
d) 196 950 in 5er-Schritten zu 197 000.

6 <, > oder = ? Vergleiche am Millionbuch.

a)			b)		
51 926	▒	49 999	499 900 + 2	▒	500 000
742 325	▒	325 742	600 000 − 2	▒	500 000
123 456	▒	654 321	499 999 + 2	▒	500 000
899 999	▒	900 000	500 000 − 100	▒	500 000

7 Ergänze zu Tausend.

a)	b)	c)
370	778	544
375	667	655
475	556	766

7a) 370 + 630 = 1 000

8 Ergänze zur Million. Schreibe mit Lücke.

a)	b)	c)
370 000	778 000	544 000
375 000	667 000	655 000
475 000	556 000	766 000

8a) 370 000 + 630 000 =

9 Ergänze zum nächsten Tausender.

a)	b)	c)	d)	e)	f)
855 + ... = 1 000	693	789	319	243	7
38 855 + ... = 39 000	24 693	29 789	112 319	499 243	398 007

Blitzrechnen: Zahlen zeigen und nennen

Zahl am Millionbuch zeigen.

Zahl erklären und nennen.

■ **4–6** Mündliche Übungen. **7–9** Analogie des Ergänzens im Tausenderraum und im Millionraum besprechen.
Zur Grundlegung und zum weiteren regelmäßigen Üben Millionbuch und Tausenderbücher benutzen.
→ Arbeitsheft, Seite 17 → Verstehen und Trainieren 4, Seiten 12 – 15

Millionbuch

1

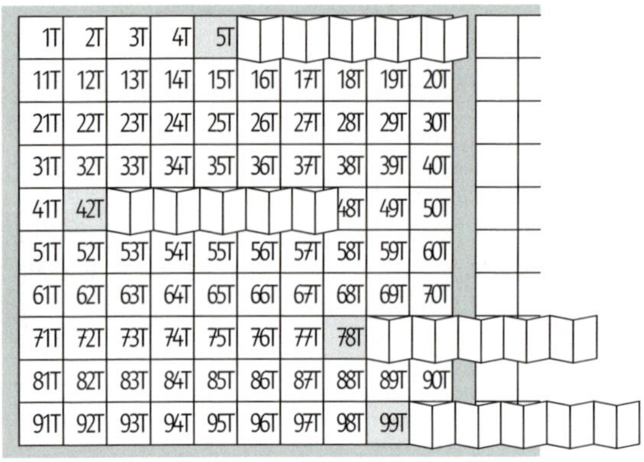

Fülle den nächsten Tausender in 100er-Schritten auf.

a) 5 000, 5 100, …, 5 900, 6 000

b) 42 000, 42 100, …, 43 000

c) 78 000, …, 79 000

d) 99 000, …, 100 000

Überprüfe am Millionbuch.

42 000, 42 100, 42 200

2

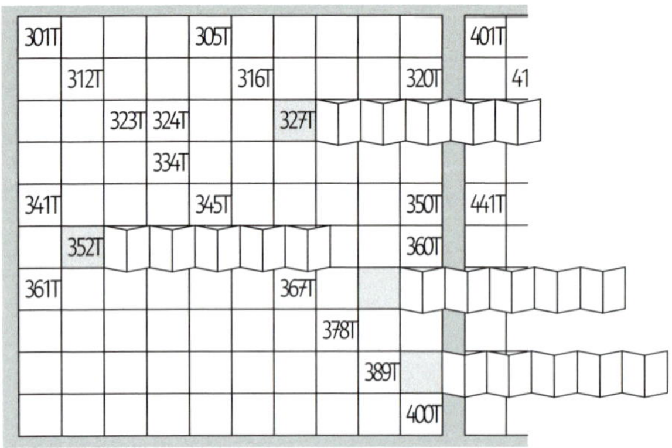

Fülle den nächsten Tausender in 10er-Schritten auf.

a) 327 900, 327 910, …, 328 000

b) 352 900, 352 910, …, 353 000

c) 369 900, 369 910, …, 370 000

d) 390 800, 390 810, …, 391 000

Überprüfe am Millionbuch.

3

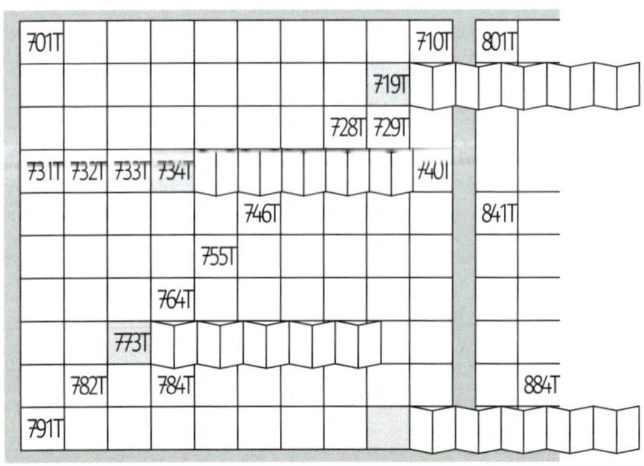

Fülle den nächsten Tausender in Einerschritten auf.

a) 719 990, 719 991, …, 720 000

b) 734 990, 734 991, …, 735 000

c) 773 990, 773 991, …, 774 000

d) 799 985, 799 986, …, 800 000

Überprüfe am Millionbuch.

Blitzrechnen: Ergänzen bis 1 Million

Vollen Tausender nennen.

Bis 1 Million ergänzen.

■ **1–3** Mündliche Übungen. Das Auffüllen des „angefangenen" Tausenders muss am Millionbuch bewusst vollzogen werden. Zur Grundlegung und zum weiteren regelmäßigen Üben analoge Aufgaben im Tausender nutzen.

→ Verstehen und Trainieren 4, Seite 18

4 Überlege am Tausenderbuch.
a) Wie viele Hunderter hat ein Tausender?
b) Wie viele Zehner hat ein Hunderter?
c) Wie viele Zehner hat ein Tausender?
d) Teile den Tausender in 2 gleich große Teile.
e) Teile den Tausender in 4 gleich große Teile.
f) Teile den Tausender in 5 gleich große Teile.
g) Teile den Tausender in 10 gleich große Teile.
h) Teile den Tausender in 8 gleich große Teile.
i) Teile den Tausender in 100 gleich große Teile.

5 Überlege am Millionbuch.
a) Wie viele Hunderttausender hat die Million?
b) Wie viele Zehntausender hat ein Hunderttausender?
c) Wie viele Zehntausender hat die Million?
d) Teile die Million in 2 gleich große Teile.
e) Teile die Million in 4 gleich große Teile.
f) Teile die Million in 5 gleich große Teile.
g) Teile die Million in 10 gleich große Teile.
h) Teile die Million in 8 gleich große Teile.
i) Teile die Million in 100 gleich große Teile.

6 Überlege und erkläre am Millionbuch. Volle Tausender lassen sich halbieren.
8 000 : 2 = 4 000, 1 000 : 2 = 500, also 9 000 : 2 = 4 500
Halbiere ebenso: 22 000, 31 000, 91 000, 49 000, 909 000

7

a)	b)	c)	d)	e)
10 : 2	10 : 5	10 : 10	8 : 2	
100 : 2	100 : 5	100 : 10	80 : 2	90 : 2
1 000 : 2	1 000 : 5	1 000 : 10	800 : 2	900 : 2
10 000 : 2	10 000 : 5	10 000 : 10	8 000 : 2	9 000 : 2
100 000 : 2	100 000 : 5	100 000 : 10	80 000 : 2	90 000 : 2
1 000 000 : 2	1 000 000 : 5	1 000 000 : 10	800 000 : 2	900 000 : 2

Blitzrechnen: Stufenzahlen teilen

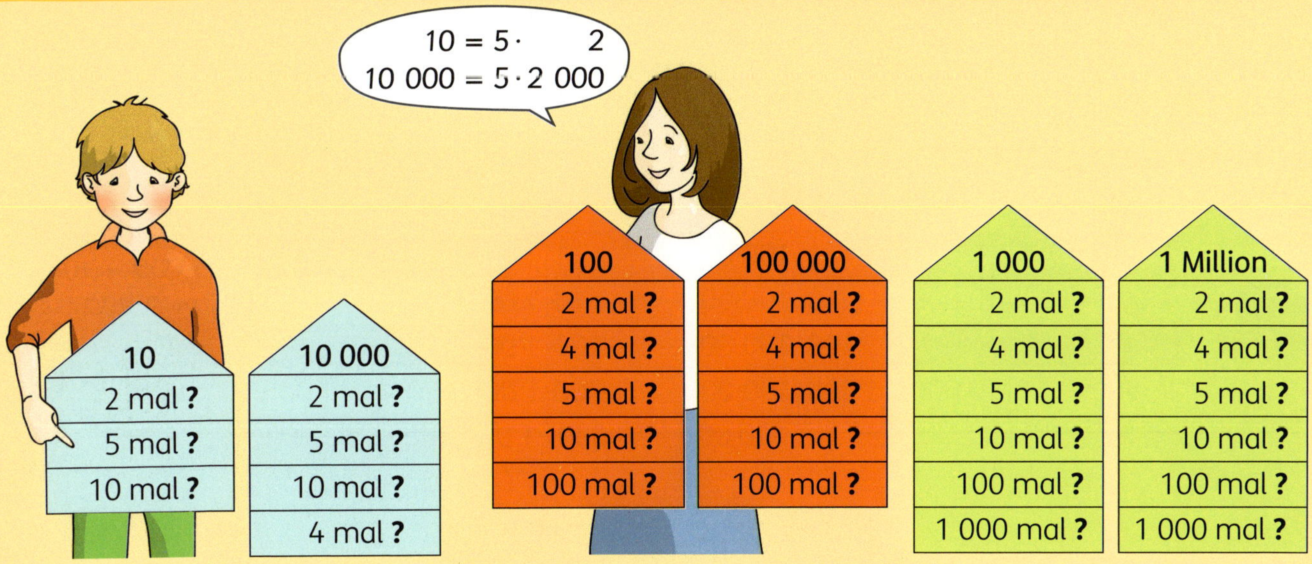

Aufgabe zeigen. – Aufgabe lösen.

■ **4, 5** Das Millionbuch als „großes Tausenderbuch" verdeutlichen. **6, 7** Mündlich bearbeiten. Zur Lösung das Millionbuch heranziehen. ⚡ Zur Grundlegung und zum weiteren regelmäßigen Üben. → Arbeitsheft, Seite 18 → Verstehen und Trainieren 4, Seite 19

Millionbuch

1 Der Kilometerzähler eines Autos springt gerade auf 210 000.
Welche Zahl hat er direkt davor angezeigt?
Welche Zahl kommt direkt danach?

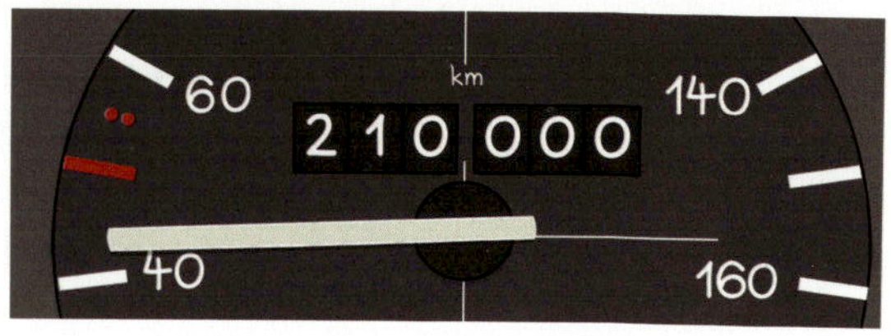

2 Starte mit einer Zahl. Addiere zuerst 1 dazu, dann zum Ergebnis 10, dann 100, dann 1 000, dann 10 000 und zum Schluss 100 000.
Starte mit

a) 132 645, b) 149 512, c) 649 200,

d) 333 333, e) 400 000, f) 799 999.

g) Welche Startzahl musst du wählen, damit du die Zahl 999 999 (1 000 000) erreichst?

2a) 132 645
132 646
132 656
132 756
133 756
143 756
243 756

3 a) Starte wieder mit einer Zahl. Subtrahiere nun von der Zahl zuerst 1, dann vom Ergebnis 10, dann 100, dann 1 000, dann 10 000 und zum Schluss 100 000.

b) Welche Startzahl musst du wählen, damit du die Zahl 345 678 erreichst?

4 a) Überlege am Tausenderbuch.

1 000 – 1
1 000 – 10
1 000 – 100
1 000 – 1 000

4a) 1 000 – 1 = 999
1 000 – 10 = 990

b) Überlegt an 10 Tausenderbüchern.

10 000 – 1
10 000 – 10
10 000 – 100
10 000 – 1 000

5 Überlege am Millionbuch.

a)	b)	c)
100 000 – 1	546 000 – 1	200 000 – 1
100 000 – 10	546 000 – 10	200 000 – 10
100 000 – 100	546 000 – 100	200 000 – 100
100 000 – 1 000	546 000 – 1 000	200 000 – 1 000
100 000 – 10 000	546 000 – 10 000	200 000 – 10 000
100 000 – 100 000	546 000 – 100 000	200 000 – 100 000

Blitzrechnen: Subtraktion von Stufenzahlen

1 000 – 1	10 000 – 1	100 000 – 1	1 000 000 – 1
1 000 – 10	10 000 – 10	100 000 – 10	1 000 000 – 10
1 000 – 100	10 000 – 100	100 000 – 100	1 000 000 – 100
	10 000 – 1 000	100 000 – 1 000	1 000 000 – 1 000
		100 000 – 10 000	1 000 000 – 10 000
			1 000 000 – 100 000

Aufgabe zeigen. – Aufgabe lösen.

■ 1–5 Mündlich bearbeiten. Zur Lösung das Millionbuch heranziehen. Zur Grundlegung und zum weiteren regelmäßigen Üben.

6 Lege in Gedanken auf jeden Punkt des Tausenderbuches
a) 1 Cent, b) 10 Cent,
c) 5 Cent, d) 50 Cent.

Wie viel Euro sind das insgesamt?

7 Lege in Gedanken auf jeden Punkt des Millionbuches
a) 1 Cent, b) 10 Cent,
c) 5 Cent, d) 50 Cent.

Wie viel Euro sind das insgesamt?

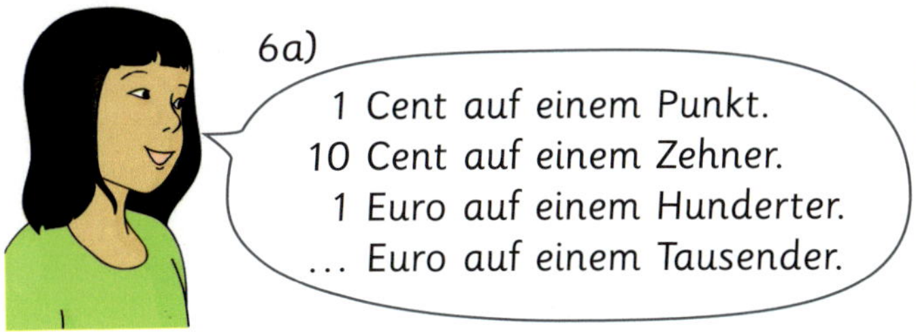

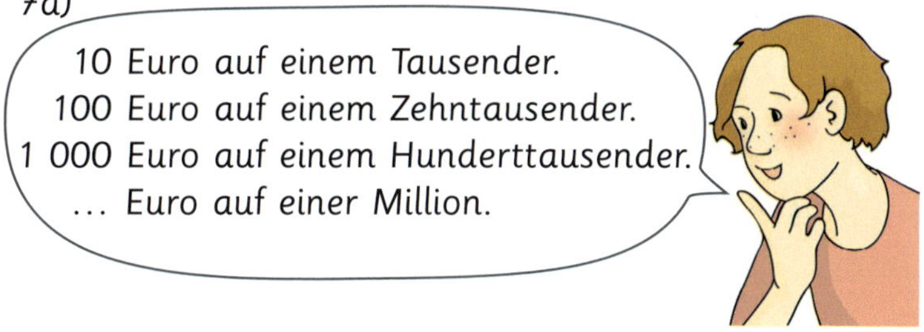

Überlege ebenso am Tausender- und am Millionbuch.

8 Wie viele Meter?
a) 1 000 mm
b) 1 000 cm

8a) 1 000 mm = 1 m

9 Wie viele Kilometer?
a) 1 000 000 m
b) 1 000 000 cm
c) 1 000 000 mm

10 Wie viele Tonnen?
a) 1 000 000 kg
b) 1 000 000 g

11 Wie viele Jahre ungefähr?
a) 1 000 Tage
b) 1 000 000 Tage

12

Überlege am Millionbuch.
Ein modernes Bundesligastadion fasst rund 50 000 Zuschauer.
Wie oft muss sich das Stadion füllen, damit eine Million Besucher gezählt werden?

13 Rot gegen Blau bis 1 000 000 für zwei Spieler.
Spielmaterial: Millionbuch, Wendeplättchen
Start bei 0. Zieht abwechselnd mit 1 oder 2 Plättchen um ein oder zwei Hunderttausender weiter, bis die Zahl 900 000 erreicht ist.
Anschließend wird um 1 Zehntausender oder 2 Zehntausender bis 900 000 weiter gezogen.
Schließlich geht es um 1 oder 2 Tausender weiter. Wer die Million genau erreicht, gewinnt.

6–13 Alle Aufgaben gemeinsam mündlich oder schriftlich am Tausender- oder Millionbuch lösen.
→ Verstehen und Trainieren 4, Seite 24

Große Zahlen darstellen

1 Die fünfzehn Städte Deutschlands mit den höchsten Einwohnerzahlen.

						Millionenstädte:	
Bremen HB	547 340	Düsseldorf D	588 735	Hannover H	522 686	Berlin B	3 460 725
Dortmund DO	580 444	Duisburg DU	489 599	Leipzig L	522 883	Hamburg HH	1 786 448
Dresden DD	523 058	Essen E	574 635	Nürnberg N	505 664	Köln K	1 007 119
		Frankfurt F	679 664	Stuttgart S	606 588	München M	1 353 186

(Stichtag: 31.12.2011)

a) Lies die Zahlen.

b) Ordne die Städte nach ihrer Größe, verwende dabei die Autokennzeichen.

c) Erkundige dich: Wie viele Einwohner hat der Ort, in dem du wohnst?

2 Millimeterpapier kann man in jedem Schreibwarengeschäft kaufen. Auf dem Papier sind viele kleine Millimeterquadrate abgedruckt.

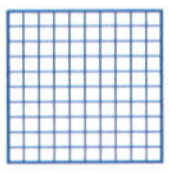

Ein Zentimeterquadrat sieht aus wie ein kleines Hunderterfeld.
Es besteht aus 100 Millimeterquadraten.

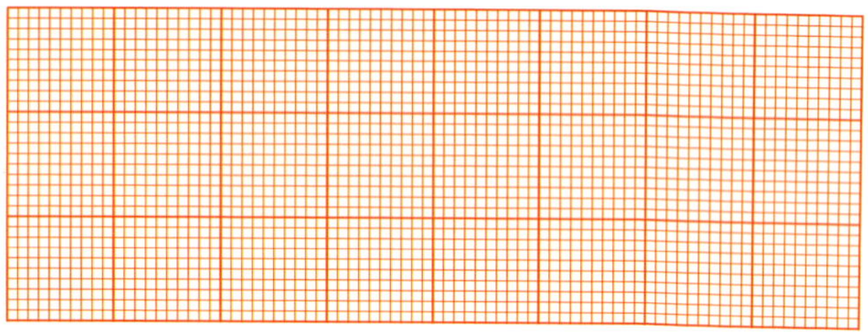

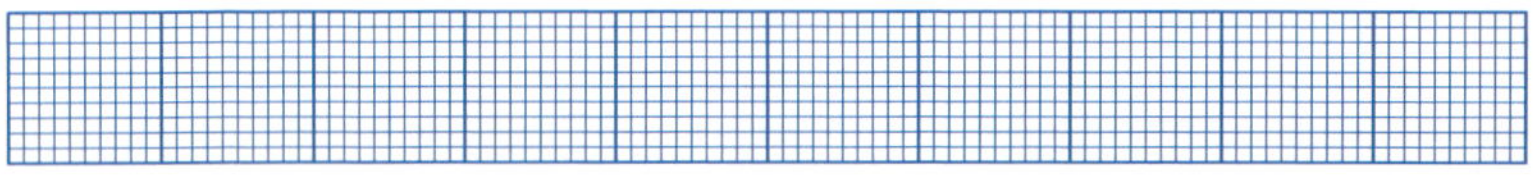

10 Zentimeterquadrate erinnern an das Tausenderbuch.
Der 10 cm lange Streifen besteht aus 1 000 Millimeterquadraten.

Wie viele Millimeterquadrate hat das rote Millimeterpapier?

3 Überlege und zähle geschickt.

a) Wie viele Millimeterquadrate hat ein Quadrat von 10 cm Seitenlänge?
b) Wie viele Millimeterquadrate sind auf einem DIN-A4-Blatt Millimeterpapier?
c) Wie viele Blätter Millimeterpapier benötigst du, um die Zahl 1 000 000 in Millimeterquadraten darzustellen?

4 Stellt die Anzahl auf Millimeterpapier dar.

a) Alle Kinder eurer Klasse. b) Alle Kinder eurer Schule. c) Alle Einwohner eures Ortes.

5  steht für 100 000.  steht für 10 000.  steht für 1 000.  steht für 100.

a) Welche Einwohnerzahlen sind hier dargestellt?

b) Stelle die Einwohnerzahl deines Ortes dar.

1–5 Zahlen (Daten) im Millionraum in unterschiedlicher Weise geometrisch und grafisch darstellen. Daten selbst erheben.

1 Stelle dir eine Million in gleichen Geldscheinen vor.
Wie viele
a) 500-Euro-Scheine, b) 100-Euro-Scheine,
c) 200-Euro-Scheine, d) 10-Euro-Scheine,
e) 5-Euro-Scheine wären es jeweils?

2 a) 1 000 Euro werden an 2 Gewinner verteilt. ?
b) Verteile an 4 Gewinner. c) Verteile an 5 Gewinner. d) Verteile an 8 Gewinner.
e) Eine Million Euro werden an 2, 4, 5 und 8 Gewinner verteilt. Vergleiche.

Nutze die Rechnungen im Tausenderraum für den Millionraum.

3

125 + 125	125 000 + 125 000
231 + 427	231 000 + 427 000
609 + 108	609 000 + 108 000
83 + 283	83 000 + 283 000

4

408 + 319	408 000 + 319 000
385 + 320	385 000 + 320 000
57 + 728	57 000 + 728 000
222 + 99	222 000 + 99 000

5

480 – 365	480 000 – 365 000
999 – 250	999 000 – 250 000
601 – 89	601 000 – 89 000
539 – 251	539 000 – 251 000

6

712 – 108	712 000 – 108 000
857 – 460	857 000 – 460 000
987 – 62	987 000 – 62 000
1000 – 505	1000 000 – 505 000

7

2 · 240	2 · 240 000
2 · 24	2 · 24 000
2 · 315	2 · 315 000
2 · 35	2 · 35 000

8

2 · 160	2 · 160 000
2 · 16	2 · 16 000
2 · 600	2 · 600 000
2 · 60	2 · 60 000

9

3 · 30	3 · 30 000
4 · 70	4 · 70 000
6 · 9	6 · 9 000
7 · 80	7 · 80 000

10

4 · 200	4 · 200 000
5 · 9	5 · 9 000
5 · 90	5 · 90 000
8 · 60	8 · 60 000

11

160 : 2	160 000 : 2
16 : 2	16 000 : 2
840 : 2	840 000 : 2
84 : 2	84 000 : 2

12 Fragen und Schätzen
Wie hoch und wie breit ist ein Fußballtor der Bundesliga?

■ **1–12** Mündlich bearbeiten. Analogie der Rechenoperationen (Addition, Subtraktion, Verdoppeln, Halbieren, Multiplikation) im Tausender- und Millionraum besprechen. → Arbeitsheft, Seite 19

Stellentafel

Million M	Hunderttausend HT	Zehntausend ZT	Tausend T	Hundert H	Zehner Z	Einer E
	•• 2	• 1	••• 3	••••• 5	••• 3	•••• 4

zweihundertdreizehntausend fünfhundertvierunddreißig

An der Stellentafel kannst du die Zahlen mit Plättchen legen.

1 Lege, schreibe mit Ziffern und sprich die Zahlen.
a) Welche Zahlen kannst du an der Stellentafel mit einem einzigen Plättchen legen?
b) Welche Zahlen kannst du mit zwei Plättchen legen (Zahlen mit Quersumme 2)?
c) Welche Zahlen zwischen 1 000 und 3 000 haben die Quersumme 3?
d) Welche Zahlen zwischen 10 000 und 12 000 haben die Quersumme 3?

2 Schreibe die Zahlen mit Ziffern und lies die Zahlen.

a)

M	HT	ZT	T	H	Z	E
	•	••	•••		•	•••••

2a) 1 2 3 0 1 5

b)

M	HT	ZT	T	H	Z	E
	•••	••••	••	•••	••	

c)

M	HT	ZT	T	H	Z	E
	••••	•••••		•••••		••••

d)

M	HT	ZT	T	H	Z	E
	••		•	••		•

3 Lies die Zahlen und schreibe sie mit Ziffern.
a) fünfhundertzwölftausend siebenhundertzweiundachtzig
b) vierundzwanzigtausend neunhundertachtzehn
c) sechshundertsechsundfünfzigtausend sechshundertfünf
d) siebenhundertdreitausend dreihundertsiebenunddreißig
e) zweihundertzweiundzwanzigtausend zweihundertzweiundzwanzig

4 a) Charlotte legt die Zahl 48 371 an der Stellentafel. Elias legt ein Plättchen dazu. Welche Zahl kann es jetzt sein?

b) Bastian legt die Zahl 215 786 an der Stellentafel. Valerija verschiebt ein Plättchen. Welche Zahl kann es jetzt sein?

5 Lege auch diese Zahlen an der Stellentafel und schreibe sie.
a) Von München bis Barcelona sind es ungefähr vierzehnhundert Kilometer.
b) Ein Fernseher kostet zwölfhundert Euro.
c) Astrid Lindgren wurde neunzehnhundertsieben geboren, sie starb zweitausendzwei.

Astrid Lindgren (1907 – 2002) schrieb über 100 Kinderbücher, die von Kindern in aller Welt geliebt werden. „Pippi Langstrumpf" wurde in 58 Sprachen übersetzt.

6 Fragen und Schätzen
Wie viele Buchseiten hat Astrid Lindgren wohl insgesamt geschrieben?

1–3 Legen, Sprechen, Schreiben von Zahlen sorgfältig koordinieren, dabei Analogie der Dreiergruppen betonen.
5 Zahlwörter der Umgangssprache verstehen. 6 Daten selbst erheben und abschätzen. → Arbeitsheft, Seite 20
→ Probieren und Kombinieren 4, Seiten 14, 15

M	HT	ZT	T	H	Z	E
	4	6	7	9	1	3

vierhundertsiebenundsechzigtausend neunhundertdreizehn

An der Stellentafel kannst du die Zahlen auch mit Ziffernkarten legen.

1 Nimm die Ziffernkarten 1 3 4 6 7 9.
a) Lege damit sechsstellige Zahlen und lies sie.
b) Lege eine möglichst große Zahl.
c) Lege eine möglichst kleine Zahl.

2 Wähle selbst sechs Ziffernkarten und lege damit Zahlen wie in **1**.

3 Lege mit den Ziffernkarten 0 1 2 3 4 5 6 7 8 9
a) eine Zahl möglichst nahe bei 100 000,
b) eine Zahl möglichst nahe bei 500 000,
c) eine Zahl möglichst nahe bei 555 555,
d) eine Zahl möglichst nahe bei 900 000.

4 Welche sechsstelligen Zahlen können es sein? Probiere.
a) Die Zahl lässt sich mit den Ziffernkarten 1 2 3 5 7 8 legen. Die Zahl ist kleiner als 200 000 und größer als 180 000. Die Hunderterziffer ist um 4 größer als die Zehnerziffer.
b) Die Zahl lässt sich mit den Ziffernkarten 0 2 4 4 7 9 legen. Die Zahl ist größer als 900 000 und durch 10 ohne Rest teilbar. Die Zehntausenderziffer und die Zehnerziffer sind gleich.

5 Lege mit den Ziffernkarten 0 1 2 3 4 5 6 7 8 9
a) zwei fünfstellige Zahlen, die möglichst weit auseinander liegen,
b) zwei fünfstellige Zahlen, die möglichst nahe beisammen liegen,
c) zwei fünfstellige Zahlen, deren Summe möglichst nah an 100 000 liegt,
d) zwei fünfstellige Zahlen, deren Summe möglichst nah an 50 000 liegt.

Blitzrechnen: Zahlen lesen und schreiben

Zahl legen. Zahl lesen.

Zahl sagen. Zahl legen und schreiben.

1–5 Die Kinder zu eigenständigem Umgang mit den Ziffernkarten (Beilage) anregen. Zur Grundlegung und zum weiteren regelmäßigen Üben Stellentafel und Ziffernkarten benutzen. → Verstehen und Trainieren 4, Seiten 16, 17

Millionreihe

1

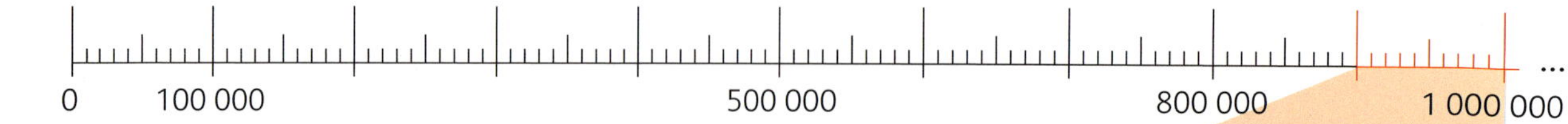

Zeige an der Millionreihe und zähle weiter:
a) 100 000, 200 000, 300 000, ..., 1 000 000
b) 50 000, 100 000, 150 000, ..., 500 000
c) 770 000, 780 000, 790 000, ..., 860 000

Zeige: Wo ungefähr liegen die Zahlen 5 000, 501 000, 650 100, 870 010, 999 999?

2

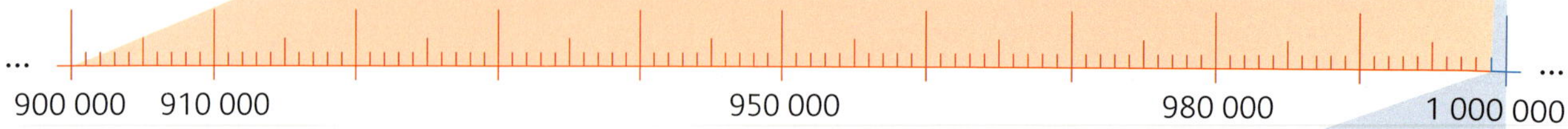

Zeige an der Millionreihe und zähle weiter:
a) 900 000, 910 000, 920 000, ..., 1 000 000
b) 930 000, 931 000, 932 000, ..., 940 000
c) 955 000, 960 000, 965 000, ..., 995 000

Zeige: Wo ungefähr liegen die Zahlen 910 500, 950 500, 967 600, 988 850, 999 999?

3

Zeige an der Millionreihe und zähle weiter:
a) 999 910, 999 920, 999 930, ..., 1 000 000
b) 999 969, 999 970, 999 971, ..., 999 980
c) 999 905, 999 910, 999 915, ..., 999 955

4 Zähle in Einerschritten vorwärts von 6 995 bis 7 002.

4) 6 995, 6 996, 6 997,

5 Zähle in Tausenderschritten vorwärts von 17 000 bis 24 000. Zeichne einen Rechenstrich.

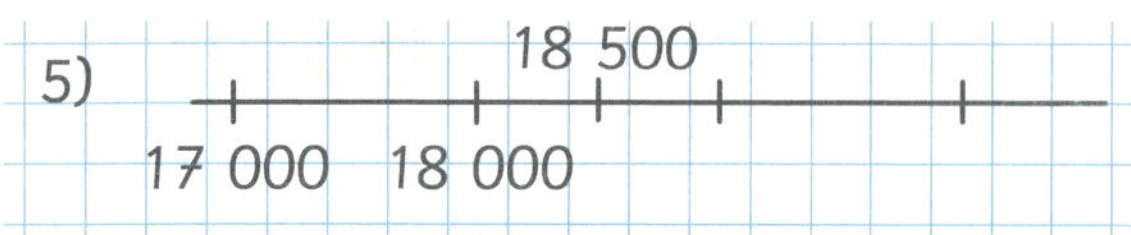

Zeige und markiere: Wo ungefähr liegen die Zahlen 18 500, 20 100, 21 001, 22 400, 23 999?

6 Zähle in Hunderttausenderschritten vorwärts von 55 000 bis 755 000. Zeichne einen Rechenstrich.

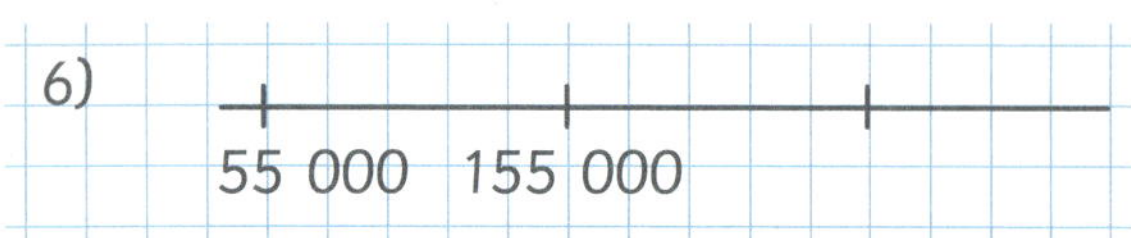

Zeige und markiere: Wo ungefähr liegen die Zahlen 301 000, 550 000, 705 000, 654 500?

■ **1–3** Abschnitte in **2** und **3** als vergrößerte Ausschnitte von **1** verdeutlichen. **4–6** Zählen in Schritten und Ausschnitte am Rechenstrich zeichnen.

7 Zähle bis zu einer Million
a) in 100 000er-Schritten, b) in 50 000er-Schritten, c) in 25 000er-Schritten.

8 a) Zähle am Rechenstrich in 2, dann in 4 und in 8 Schritten bis 1 000 und bis 1 000 000. Vergleiche.

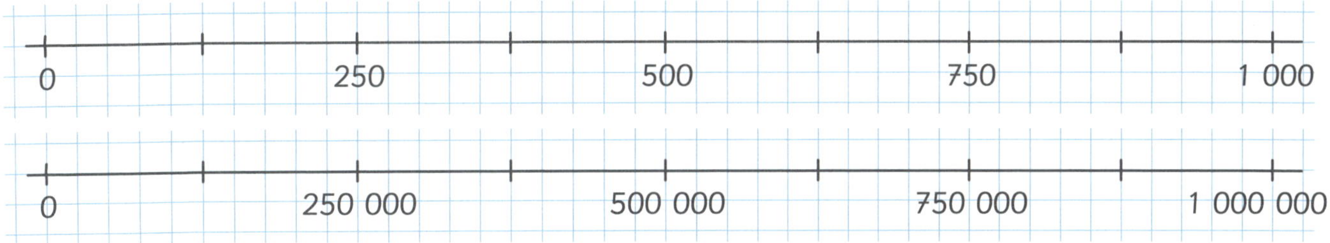

b) Zähle ebenso in 2 und in 4 Schritten bis 100 und bis 100 000. Vergleiche.

c) Zähle ebenso in 8 Schritten bis 100 000 und bis 1 000 000. Vergleiche.

d) Zähle ebenso in 5 und in 10 Schritten bis 100, bis 1 000, bis 10 000. Vergleiche.

9 Welche Zahl liegt genau in der Mitte zwischen 7 000 und 9 000?
Bestimme die Mitte ebenso zwischen

a) 70 000 und 90 000,
700 000 und 900 000,
770 000 und 990 000,

b) 3 000 und 4 000,
300 000 und 400 000,
303 000 und 404 000.

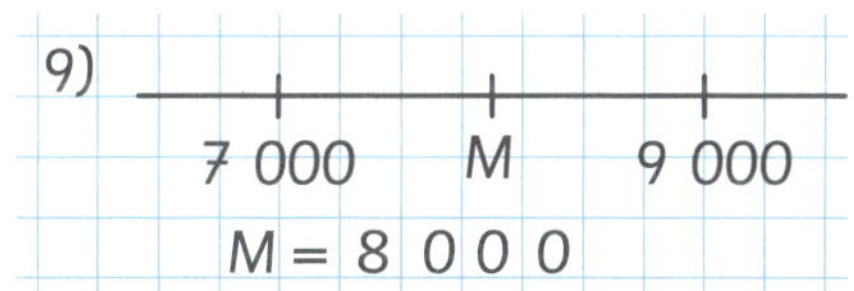

10 a)

b)

c)

Blitzrechnen: Zählen in Schritten

Anzahl der Schritte (2, 4, 5, 8, 10) und Stufenzahl nennen.

In Schritten zählen.

1–3 Analogien bei der Untergliederung von Stufenzahlen aufzeigen. Zur Grundlegung und zum weiteren regelmäßigen Üben. → Arbeitsheft, Seiten 21, 22 → Verstehen und Trainieren, Seiten 20–23

Zirkel und Geodreieck

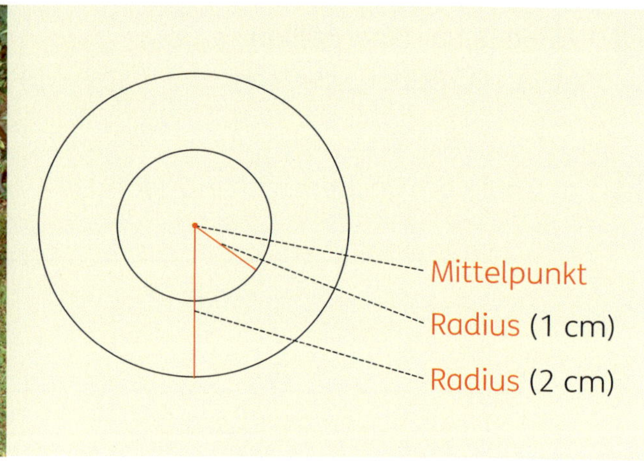

1 Wo findest du in deiner Umgebung Kreise?

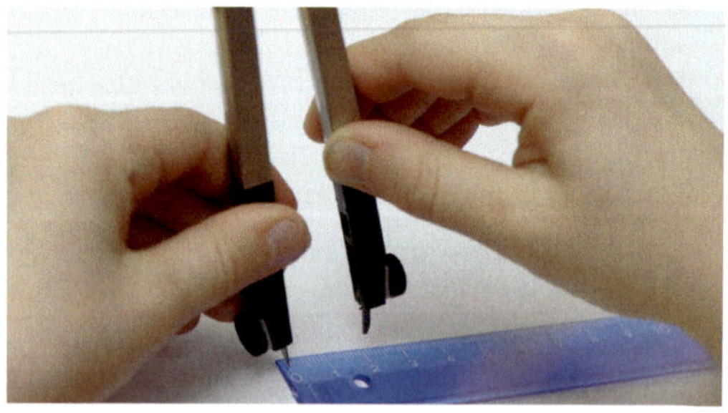

2 a) Zeichne mit einem Zirkel um einen Mittelpunkt verschieden große Kreise.

b) Stelle den Zirkel auf einen Radius von 1 cm (2 cm, 3 cm, 4 cm) ein und zeichne einen Kreis.

3 Zeichne nach.

a)

b)

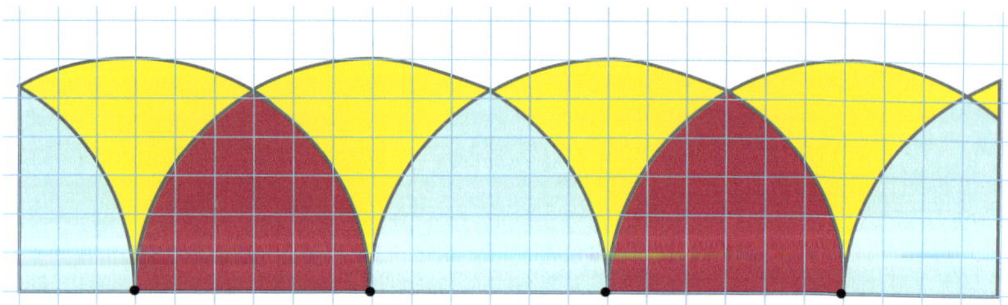

c)

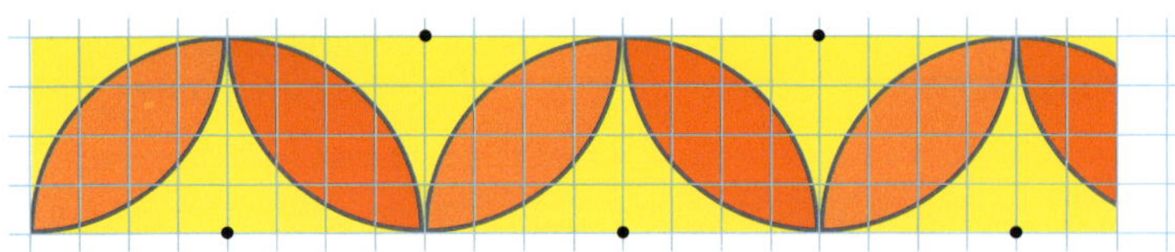

d) Denke dir eigene Muster aus.

4 a) Zeichne einen Sechsstern.

Zeichne einen Kreis mit dem Radius 1,5 cm.

Zeichne außen herum 6 Kreisbögen mit dem gleichen Radius.

Verbinde die Schnittpunkte mit einem Lineal.

b) Zeichne Symmetrieachsen ein. Wie viele findest du?

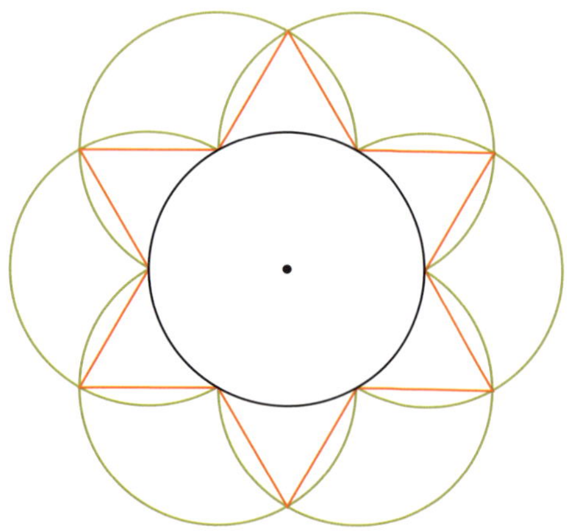

■ **2** Handhabung des Zirkels intensiv üben. **3, 4** Auf saubere Zeichnungen achten.

5 1. Nimm ein beliebiges Stück Papier und falte es.

Du erhältst eine gerade Faltkante.
Du kannst die Faltkante als Lineal benutzen.

2. Falte die beiden Enden der Faltkante aufeinander.
Du erhältst eine neue Faltkante.
Die beiden Faltkanten bilden einen rechten Winkel.

3. Öffne das Stück Papier.
Du erhältst vier rechte Winkel. Zeige sie.
Zeichne mit dem Zirkel einen Kreis um das Faltkreuz.

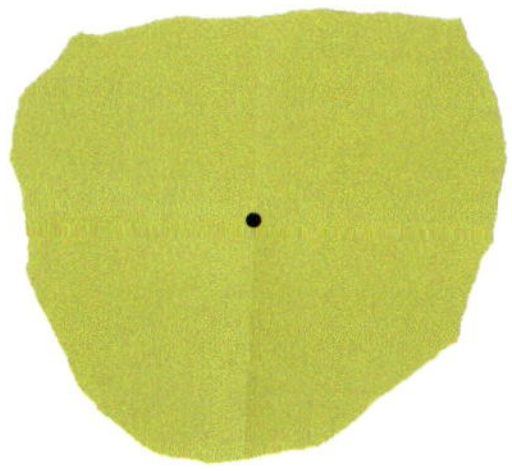

4. Verbinde die vier Schnittpunkte. Du erhältst ein Quadrat. Schneide es aus. Wo entdeckst du beim Quadrat rechte Winkel?

Das Geodreieck ist ein halbes Quadrat. Mit ihm kannst du gerade Linien und rechte Winkel zeichnen.

6 Zeichne mit dem Geodreieck
a) eine gerade Linie,
b) eine dazu senkrechte gerade Linie,
c) ein Quadrat mit der Seitenlänge 6 cm,
d) ein Rechteck mit den Seitenlängen 7 cm und 3 cm.

Zeige immer die rechten Winkel.

7 Zeichne nach. Benutze das Geodreieck und den Zirkel.

a)
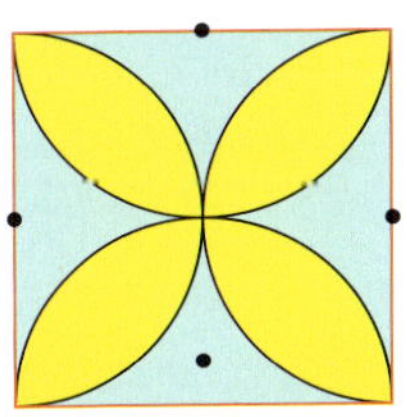

b)

! **Gerade Linien, die sich in einem rechten Winkel schneiden, heißen senkrecht zueinander.**

c) Erfinde eigene Muster.

8 Lege das Geodreieck an Gegenstände der Umgebung. Wo findest du rechte Winkel?

9 Der Schreiner benutzt zum Kürzen von Brettern den **Schreinerwinkel**.
Erkläre dieses Werkzeug und seine Anwendung.

■ **5, 6** Handlungsorientierte Einführung des Begriffs „rechter Winkel". **6 – 8** Umgang mit dem Geodreieck intensiv bis zur Beherrschung üben. → Arbeitsheft, Seite 23

Mitglieder des Deutschen Fußball-Bundes (Stand 2011)			
Junioren bis 14 Jahre	Junioren 15–18 Jahre	Senioren über 18 Jahre	Frauen und Mädchen
1 395 083	530 835	3 764 880	1 058 990

DEUTSCHER FUSSBALL-BUND

Deutscher Leichtathletik-Verband DLV

Mitglieder des Deutschen Leichtathletik-Verbandes (Stand 2011)					
bis 14 Jahre		15–18 Jahre		über 18 Jahre	
männlich	weiblich	männlich	weiblich	männlich	weiblich
131 642	149 380	38 109	43 310	263 300	246 909

Mitglieder des Deutschen Turner-Bundes (Stand 2011)					
bis 14 Jahre		15–18 Jahre		über 18 Jahre	
männlich	weiblich	männlich	weiblich	männlich	weiblich
55 967	83 324	9 580	16 793	93 949	187 223

DTB DEUTSCHER TURNER-BUND

1 Wie viele Jungen bis 14 Jahre a) betreiben Leichtathletik, b) spielen Fußball, c) turnen?

! Runden auf Tausender **Ist die Hunderterziffer 0, 1, 2, 3 oder 4, so wird abgerundet. Ist die Hunderterziffer 5, 6, 7, 8 oder 9, so wird aufgerundet.**

2 Runde alle Zahlen in den Tabellen auf glatte Tausender.
Rechne **3** bis **7** mit den glatten Tausendern aus **2**.

2) Zahl	gerundet
1 395 083	1 395 000
530 835	531 000

3 Wie viele Kinder bis 14 Jahre
a) betreiben Leichtathletik,
b) turnen?

Maya 3a) 132 000 + 149 000 = 281 000
132 + 149 = 281

Blitzrechnen: Einfache Additions- und Subtraktionsaufgaben

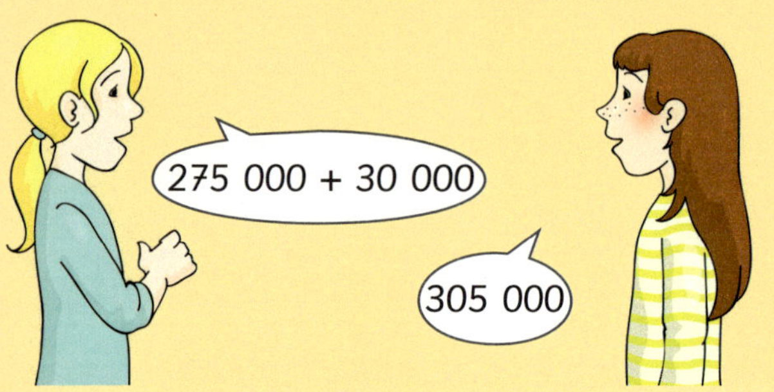

Plusaufgaben mit vollen Tausendern lösen.

Minusaufgaben mit vollen Tausendern lösen.

1, 2 Auf Tausender runden. Rundungsregeln besprechen. **3** Mit Tausendern rechnen wie mit Einern.
Zur Grundlegung und zum weiteren regelmäßigen Üben.

0	1	2	3	4	5	6	7	8	9
0	1	2	3	4	5	6	7	8	9
0	1	2	3	4	5	6	7	8	9
0	1	2	3	4	5	6	7	8	9

Beilage 1302

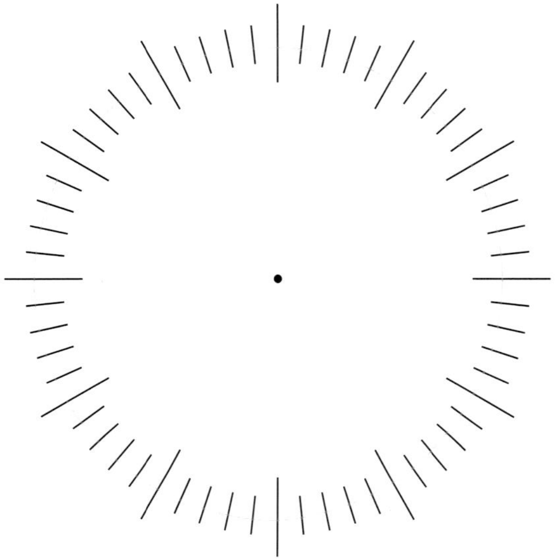

Beilage 1401

4 Wie viele Jugendliche von 15–18 Jahren a) betreiben Leichtathletik, b) turnen?

5 Wie viele Frauen und Mädchen a) betreiben Leichtathletik, b) turnen?

6 Berechne die Unterschiede bei den Mitgliederzahlen in der Leichtathletik und beim Turnen.

6) Jungen bis 14 Jahre:

132 000 − 56 000 = 76 000

132 − 56 = 76

Beim Leichtathletik-Verband waren 76 000 mehr Jungen bis 14 Jahre Mitglied als beim Turner-Bund.

7 Berechne die Gesamtmitgliederzahl a) in der Leichtathletik, b) beim Turnen, c) beim Fußball.

8 Mitgliederentwicklung im Deutschen Behindertensportverband e. V.

Jahr	1961	1971	1981	1991	2001	2010
Mitglieder	28 218	67 165	105 703	207 013	334 171	574 887

Runde zuerst auf Tausender und berechne dann die Unterschiede bei den Mitgliederzahlen von

a) 1961 und 1981,
b) 1981 und 1991,
c) 1991 und 2001,
d) 2001 und 2010.

Deutscher Behindertensportverband e.V.
National Paralympic Committee Germany

9 Verdopple und halbiere. Schreibe in eine Tabelle.

a)	b)	c)	d)	e)
400 000	60 000	80 000	450 000	70 000
300 000	160 000	160 000	350 000	170 000
200 000	260 000	240 000	250 000	90 000
100 000	360 000	320 000	150 000	190 000

9a) die Hälfte	Zahl	das Doppelte
200 000	400 000	800 000

Blitzrechnen: Verdoppeln und Halbieren

Tausenderzahl verdoppeln.

Tausenderzahl halbieren

Zahlen aus Stadt und Land

Stuttgart (S)
Landeshauptstadt von Baden-Württemberg
Fläche: so groß wie 207 Kilometerquadrate
Einwohner: 613 392
80 Grundschulen mit 17 640 Kindern

Freiburg im Breisgau (FR)
Südlichste Großstadt von Deutschland
Fläche: so groß wie 153 Kilometerquadrate
Einwohner: 229 144
40 Grundschulen mit 6 755 Kindern

Main-Tauber-Kreis (TBB)
Nördlichster Landkreis von Baden-Württemberg
Fläche: so groß wie 1 304 Kilometerquadrate
Einwohner: 132 993
41 Grundschulen mit 4 663 Kindern

Burgruine Hohenrechberg bei Schwäbisch Gmünd

Ostalbkreis (AA)
Landkreis in Baden-Württemberg
Fläche: so groß wie 1 512 Kilometerquadrate
Einwohner: 310 365
93 Grundschulen mit 11 589 Kindern

(Stand 2011)

1 Suche die Städte und Kreise im Atlas.
Markiere sie in einer Deutschlandkarte.
Verwende die Autokennzeichen.

2 Vergleiche die Zahlen.

3 Zeige deinen Wohnort im Atlas.

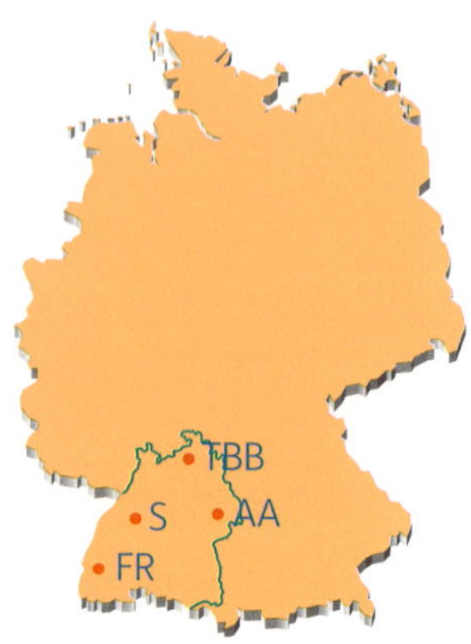

4 Fragen und Schätzen
Sucht Zahlen aus eurer Gemeinde oder eurem Landkreis.
Informationen bekommt ihr im Rathaus, im Landratsamt oder im Internet:
Anzahl der Einwohner, Anzahl der Kinder, Anzahl der Grundschulen, Fläche?

1 – 3 Im Klassengespräch bearbeiten. 4 In Gruppen bearbeiten. Daten selbst erheben und auswerten. Informationen und Links zu Bundesländern, Landkreisen und Städten im Internet nutzen.

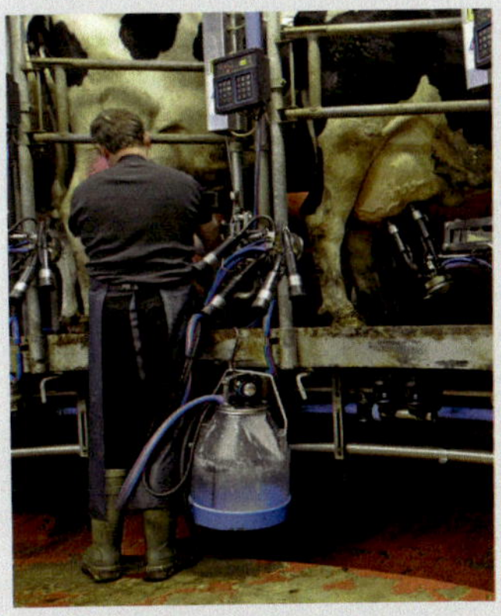

Milchbauern geben auf

Noch im Jahr 2000 gab es in Deutschland mehr als 150 000 Milchbauern. Im Jahr 2010 waren es weniger als 100 000. Die Zahl der Kühe sank dagegen kaum. Es sind nach wie vor 4 Millionen.

Wie viele Kühe muss ein Milchbauer durchschnittlich versorgen?

Mineralwasser sprudelt aus 40 Meter Tiefe

Gevelsberg: 24 000 Flaschen werden stündlich in dem Getränkebetrieb abgefüllt, 60 Millionen Flaschen im Jahr.

In einen Kasten passen 12 Flaschen. Wie viele Kästen werden stündlich abgefüllt?

Schwimm-Marathon im Stadtbad

Wie viel km schwamm Christel durchschnittlich jeden Tag?

Bochum: Ausdauer und Fleiß waren beim Schwimm-Marathon gefragt, den das Stadtbad vom 21. Juni bis 3. September veranstaltete. Vom Bademeister ließen sich rund 60 Schwimmerinnen und Schwimmer ihre zurückgelegten Kilometer bescheinigen. Christel T. war mit Abstand die eifrigste Teilnehmerin. Sie schwamm insgesamt 681 km. 159 km schaffte die zweitplatzierte Nicole V., fast 132 km die Dritte, Katrin F.

Verkehrschaos auf der Autobahn

Stuttgart: Eine riesige Stauwelle schob sich gestern auf München zu. 150 km lang drängten sich Wagen dicht an dicht, im Schnitt alle acht Meter ein neues Fahrzeug.

Wie viele Autos standen im Stau? Jeder Wagen befördert durchschnittlich 3 Personen. Wie viele Personen warteten darin?

Der Uhu kommt zurück

Berlin: Vor 30 Jahren war der Uhu in Deutschland fast ausgestorben. Vogelschützern ist es zu verdanken, dass er gerettet wurde.

Als die Großeule 2005 zum Vogel des Jahres gewählt wurde, gab es in Deutschland bereits wieder etwa 800 Brutpaare. In den letzten Jahren wurden immer mehr Uhus auch in Städten beobachtet, z.B. in Hamburg und im Ruhrgebiet. Uhus sorgen dafür, dass sich Ratten, Tauben und Kaninchen dort nicht zu stark vermehren. Fachleute schätzen, dass sich die Anzahl der Brutpaare inzwischen mehr als verdoppelt hat.

Wie viele Uhu-Brutpaare gibt es heute in Deutschland ungefähr?

Kurznachrichten der Region

Sonne und Mond

SA: 5.25 Uhr **SU**: 21.52 Uhr
MA: 13.38 Uhr **MU**: 0.55 Uhr

Wie lange scheint heute die Sonne?

Wir gratulieren

In Holzhausen gab es am 11. Mai 2013 die goldene Hochzeit von Elli (83) und Karl Fritsch (82) zu feiern.

Wann haben Elli und Karl geheiratet?

16. Musik-Festival Erfolgreiche Bilanz

In mehr als 60 Konzerten boten 54 Orchester aus aller Welt ein vielseitiges Programm, das 41 000 Besucher genossen – rund 1 000 mehr als im Vorjahr.

Wie viele Besucher waren durchschnittlich in einem Konzert?

Glitzernde Pracht

Von Freitag bis Sonntag findet im Heimatmuseum eine große Mineralienausstellung statt. Sie ist jeweils von 10 bis 18 Uhr geöffnet. Eintritt für Erwachsene 4 Euro, für Kinder ab 8 Jahren 2,50 Euro.

Wie viel würde der Eintritt für deine Familie kosten?

1 Sucht Zahlen aus Zeitungen und stellt dazu Fragen.

Aus Zeitungstexten Daten entnehmen und verarbeiten.

Einwohnerzahlen der Bundesländer

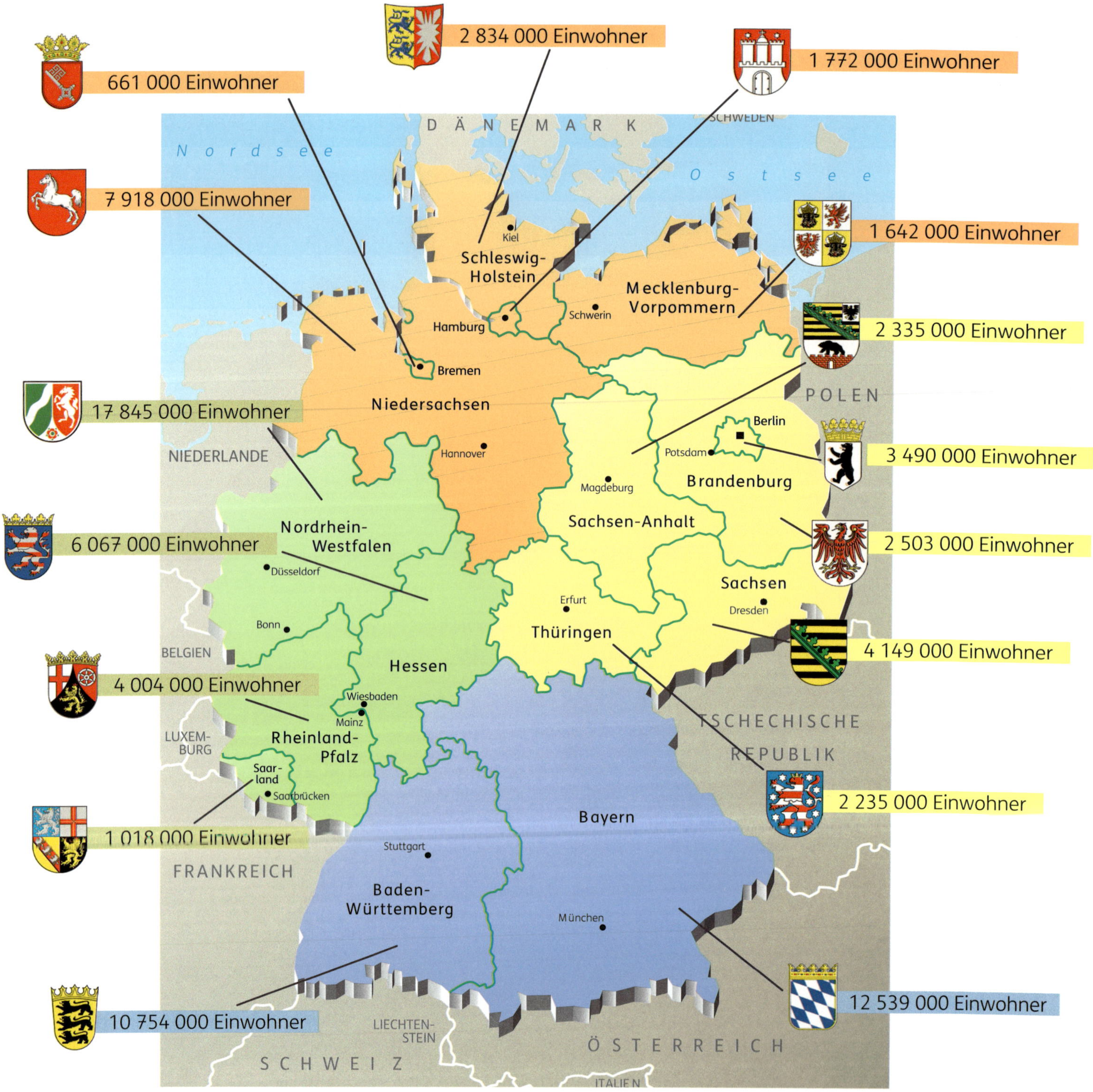

(Stand 2011, auf Tausender gerundet)

! Runden auf Millionen **Ist die Hunderttausenderziffer 0, 1, 2, 3 oder 4, so wird abgerundet.**
Ist die Hunderttausenderziffer 5, 6, 7, 8 oder 9, so wird aufgerundet.

1 Ordne die 16 Bundesländer nach ihrer Einwohnerzahl. Runde auf Millionen und schreibe in eine Tabelle.

1) Bundesland	Einwohnerzahl	gerundet
Nordrhein-Westfalen	17 845 000	18 Mio.
Bayern	12 539 000	13 Mio.

■■ 1 Auf Millionen runden.

2 Stelle die gerundeten Einwohnerzahlen der Bundesländer in einem Diagramm dar. 1 Rechenkästchen bedeutet 1 Million Einwohner.

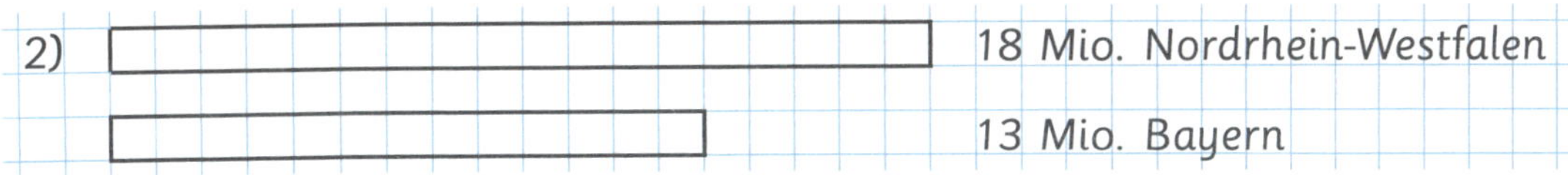

3 Wie viele Einwohner leben in der gesamten Bundesrepublik Deutschland? Rechne mit gerundeten Zahlen.

Grundschüler in der Bundesrepublik Deutschland			
Bundesland	2000	2010	2020 (Prognose)
Schleswig-Holstein	125 800	106 300	90 800
Mecklenburg-Vorpommern	50 900	48 800	50 000
Hamburg	53 800	51 200	61 100
Bremen	25 200	20 700	20 400
Niedersachsen	361 800	296 500	252 800
Sachsen-Anhalt	73 400	65 600	64 600
Brandenburg	64 400	76 200	75 000
Berlin	110 100	100 900	115 600
Thüringen	65 500	65 900	63 000
Sachsen	118 200	121 900	121 500
Baden-Württemberg	477 400	388 600	354 600
Bayern	534 900	445 300	413 900
Nordrhein-Westfalen	811 700	663 000	598 800
Rheinland-Pfalz	183 000	145 700	129 100
Saarland	44 700	31 300	27 800
Hessen	252 100	209 800	194 000

Zahlen gerundet auf Hunderter.

4 Ordne die 16 Bundesländer nach ihren Grundschülerzahlen in den Jahren 2000 und 2010. Runde auf Tausender und schreibe in eine Tabelle.

4)

Bundesland	Jahr 2000	Jahr 2010
Nordrhein-Westfalen	812 000	663 000
Bayern	535 000	

Rechne auch hier mit vollen Tausendern.

5 Vergleiche die Grundschülerzahlen der Jahre 2000, 2010 und 2020.
a) Wo steigen die Zahlen?
b) Wo fallen die Zahlen?
c) Berechne die Unterschiede für das Bundesland, in dem du wohnst.

6 a) Wie viele Grundschüler gab es 2000 insgesamt?
b) Wie viele Grundschüler gab es 2010 insgesamt?
c) Wie viele Grundschüler wird es voraussichtlich im Jahr 2020 geben?

2–6 Auf Millionen und Tausender runden. Mit vollen Millionen und Tausendern rechnen. **3** Einwohnerzahl der Bundesrepublik Deutschland auswendig lernen. → Arbeitsheft, Seite 25

1 a) Bilde aus den Ziffern 0 1 2 3 4 5 6 7 8 9 auf verschiedene Weise zwei fünfstellige Zahlen und addiere sie.
Berechne immer auch die Quersumme der Ergebnisse.
Was fällt dir an der Quersumme auf?

Beispiel: 3 4 7 6 5
1 2 0 8 9

1a)
```
   34 765
 + 12 089
      1 1
 --------
   46 854
```
Quersumme:
4 + 6 + 8 + 5 + 4 = 27

b) Bilde Aufgaben mit dem größten Ergebnis.
c) Bilde Aufgaben mit dem kleinsten Ergebnis.
d) Bilde Aufgaben mit einem Ergebnis möglichst nahe an 150 000 (60 000, 90 000).

2

5 689	5 309	609	5 682	5 902	382	2 345
+ 302	+ 682	+ 5 382	+ 409	+ 89	+ 5 609	+ 3 646

3 a) Start 37 289 —(+ 2 793)→ 40 082 —(+ 7 207)→ Ziel ……

3a) NR:
```
   37 289
 +  2 793
   1 111
 --------
   40 082
```

Starte auch mit 35 117, 28 149, 26 001 und 89 999.

b) Wähle eigene Startzahlen. Was fällt dir auf? Beschreibe und begründe das Muster am Rechenstrich.

4 Schönes Päckchen. Rechne und setze fort. Vergleiche immer die erste Zahl mit dem Ergebnis.

12 345	23 456	34 567	45 678
+ 41 976	+ 41 976	+ 41 976	+ 41 976

Forschen und Finden

5 a) Addiere immer 1 089.

3 672	4 511	8 765	6 969	4 780	7 603	6 666
+ 1 089	+ 1 089	+ 1 089	+ 1 089	+ 1 089	+ 1 089	+ 1 089

b) Wähle weitere vierstellige Zahlen und rechne ebenso.

c) Vergleiche immer die Ziffern der gewählten Zahl mit den Ziffern der Summe und beschreibe, was dir auffällt.

d) Versuche, das Muster zu begründen.
Tipp: Berechne 1 000 + 100 − 10 − 1.

e) Bei welchen Zahlen ist das Muster gestört?

■ 1–4 Ergebnisse gemeinsam besprechen. 5 Möglichst selbstständig bearbeiten. → Arbeitsheft, Seite 26
→ Probieren und Kombinieren 4, Seite 20

1 a) Bilde aus den Ziffern 0 1 2 3 4 5 6 7 8 9 auf verschiedene Weise zwei fünfstellige Zahlen und subtrahiere sie. Rechne zur Probe immer auch die Umkehraufgabe.

Beispiel: 4 7 6 1 5
2 0 3 9 8

1a)

47 615	Probe:	27 217
− 20 398		+ 20 398
27 217		47 615

b) Bilde Aufgaben mit möglichst großem Ergebnis.

c) Bilde Aufgaben mit möglichst kleinem Ergebnis.

d) Bilde Aufgaben mit einem Ergebnis möglichst nahe an 10 000 (50 000, 75 000).

2

58 910	73 021	74 404	81 879	103 301	102 020
− 13 456	− 16 456	− 6 728	− 3 092	− 13 403	− 11 111

3 a) Start 24 157 → − 3 072 → 21 085 → − 6 928 → Ziel ....

3a) NR:

24 157
− 3 072
21 085

Starte auch mit 43 333, 35 118, 28 093, 12 104, 21 891.

b) Wähle eigene Startzahlen. Was fällt dir auf? Beschreibe und begründe das Muster am Rechenstrich.

4 Schönes Päckchen. Rechne und setze fort. Vergleiche immer die erste Zahl mit dem Ergebnis.

54 321	65 432	76 543	87 654
− 41 976	− 41 976	− 41 976	− 41 976

Forschen und Finden

5 Ein Rechenprogramm.

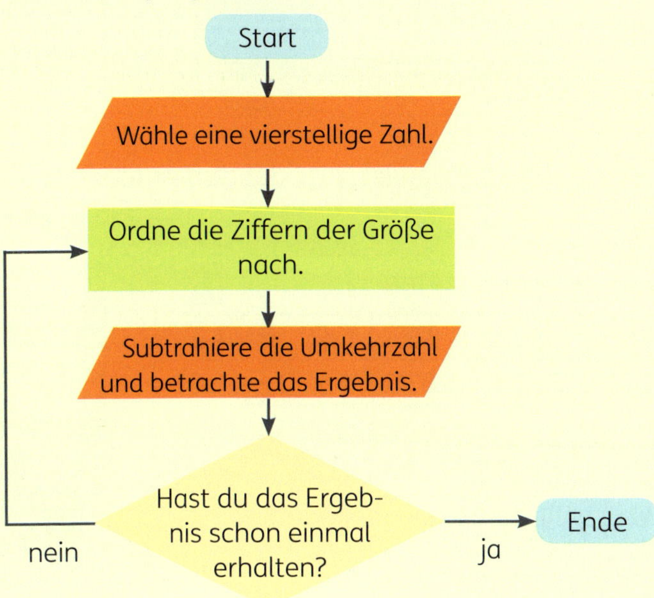

a) Rechne wie angegeben, bis sich das Ergebnis wiederholt.

1. Beispiel: 7 173

5a)

7 731	6 543	8 730
− 1 377	− 3 456	− 0 378
6 354	3 087	

2. Beispiel: 2 781

5a)

8 721	7 443	9 963
− 1 278	− 3 447	− 3 699
7 443	3 996	

b) Wähle weitere Startzahlen. Vergleiche die Endergebnisse.

■ **1–4** Ergebnisse gemeinsam besprechen. **5** Mit verschiedenen Startzahlen gemäß dem Rechenprogramm rechnen.
→ Arbeitsheft, Seite 27

Der LKW transportiert Zuckerrüben zur Zuckerfabrik.
Um das Gewicht seiner Ladung festzustellen, wird der LKW zweimal gewogen:
Mit der Ladung Zuckerrüben wiegt er 37 800 kg, ohne die Ladung wiegt er 24 900 kg.

Wie viele kg Zuckerrüben hatte der LKW geladen?

1 Ein anderer LKW wiegt mit Ladung 32 t 650 kg und ohne Ladung 23 t 400 kg.
Wie viele t und kg Zuckerrüben hatte er geladen?

! 1 Tonne hat 1 000 Kilogramm.
1 t = 1 000 kg
$\frac{1}{2}$ t = 500 kg

2 Berechne das Gewicht der Ladung in kg.

a)

Art der Ladung	Gesamtgewicht	Leergewicht
Weizen	45 700 kg	30 340 kg
Weizen	39 300 kg	24 950 kg
Hafer	17 920 kg	2 590 kg
Hafer	38 450 kg	23 680 kg

b)

Art der Ladung	Gesamtgewicht	Leergewicht
Roggen	41 340 kg	26 400 kg
Roggen	8 860 kg	3 520 kg
Gerste	38 350 kg	23 940 kg
Gerste	18 410 kg	3 050 kg

3 Berechne das Gewicht der zulässigen Ladung (Nutzlast).

a)

Fahrzeug	zulässiges Gesamtgewicht	Leergewicht
Auto	1 465 kg	975 kg
Kleinbus	2 390 kg	1 412 kg
kl. Reisebus	14 400 kg	11 045 kg
Linienbus	17 200 kg	10 536 kg

b)

Fahrzeug	zulässiges Gesamtgewicht	Leergewicht
Segelflugzeug	459 kg	243 kg
Tankwagen	40 t	16 t 600 kg
Jumbojet	363 t	304 t
Mondrakete	2 837 t	2 832 t

4 Ein Laster trägt die Aufschrift „7,5 t". Leer wiegt er 3 t 450 kg. Wie viel Nutzlast darf er laden?

5 Kräne haben ein Schild, auf dem steht, wie viele kg sie heben dürfen.

Ausladung in m	10	15	20	25	30	35	40	45
Tragfähigkeit in kg	5 600	5 460	3 770	2 840	2 250	1 830	1 570	1 300

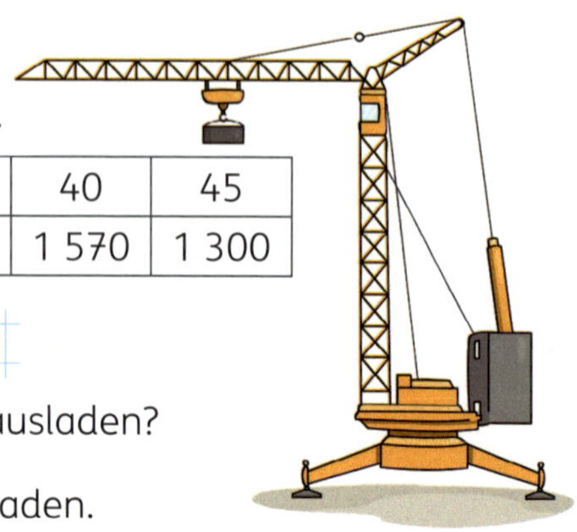

a) Wandle um in t und kg. 5a) 5 600 kg = 5 t 600 kg

b) Der Kran soll eine Last von 3 t 500 kg heben. Wie weit darf er sie ausladen?

c) Der Kranführer soll Paletten von je 700 kg Gewicht 40 m weit ausladen.
Wie viele Paletten auf einmal darf er anhängen?

■ **1** Im Klassengespräch bearbeiten. **2–5** Sachsituation vor dem Rechnen klären. **5** Qualitative Beziehungen zwischen Tragfähigkeit und Ausladung besprechen. → Arbeitsheft, Seite 28

Mit dem Messbecher kannst du das Volumen von Flüssigkeit messen.
Flüssigkeiten werden in Liter (l) und Milliliter (ml) gemessen.

1 Lies am Messbecher ab, wie viele ml es sind.

1) 0,7 l = 700 ml
0,5 l =
0,33 l =

! 1 Liter hat 1 000 Milliliter.

1 l = 1 000 ml
$\frac{1}{2}$ l = 500 ml
$\frac{1}{4}$ l = 250 ml
$\frac{3}{4}$ l = 750 ml

2 Wie viele ml fasst a) ein großes Wasserglas, b) eine Tasse, c) ein kleines Glas?

3 Wie viele ml fasst ein Esslöffel? Tipp: Gieße 10 Esslöffel in einen Messbecher.

4 Wie kannst du mit folgenden Gefäßen 1 l (500 ml, 250 ml, 750 ml) zusammengießen?

0,5 l 0,4 l 0,25 l 0,2 l 0,1 l

4) Immer 1 l
500 ml + 500 ml
400 ml + 200 ml + 400 ml

5 In einer Tintenpatrone ist 1 ml Tinte. 6 Tintenpatronen kosten ungefähr 0,90 Euro.
In einem Tintenglas zum Nachfüllen sind 30 ml Tinte.
Es kostet 2,00 Euro. Vergleiche.

6 Wie viele ml (l) sind es:
a) Haar-Shampoo, b) Sonnenmilch, c) Ketchup, d) Sahne?
e) Suche zu Hause in Bad und Küche weitere Beispiele.

7 In einer Molkerei werden 110 l Sahne in Becher zu 200 ml abgefüllt. ?

8 Verwandle in ml:
0,1 l; 0,5 l; 1 l; 1,5 l; 0,3 l

■ Einfache Brüche im Kontext Hohlmaße einführen. **1–3** Leere Flaschen und Behälter verschiedener Rauminhalte mit Wasser ausmessen. **4–8** Möglichst selbstständig bearbeiten. → Arbeitsheft, Seite 29

Würfel falten

Du brauchst 6 Quadrate aus Papier von 10 cm Seitenlänge.

1 Falte in der Mitte zu einem Buch .

2 Klappe auf und falte die Seiten zur Mitte zu einem Schrank.

3 Falte die untere rechte Ecke nach oben bis zur Mitte, falte die Ecke links oben zur Mitte nach unten.

4 Klappe auf. Schiebe die untere Ecke unter die obere Schranktür. Schiebe die obere Ecke unter die untere Schranktür.

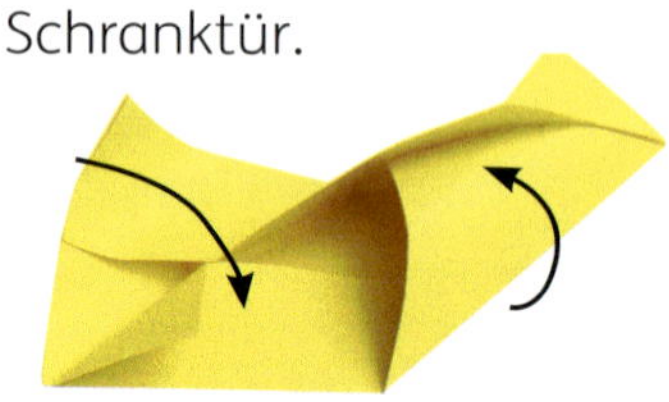

5 Knicke die kleinen Ecken nach innen.

6 Du hast nun ein Faltkreuz mit 4 Taschen und 2 Laschen.

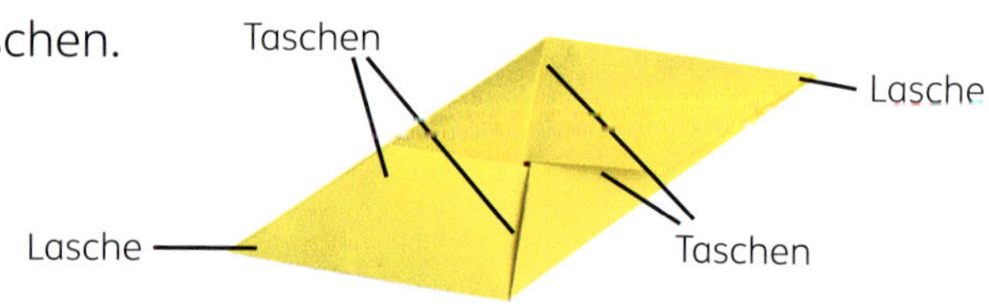

7 Drehe es auf den Rücken und falte die Seiten zum Quadrat. Öffne dann wieder.

8 Stelle 6 gleiche Teile her.

9 Nimm zwei Teile und schiebe eine Lasche in die Tasche.

10 Verbindet so alle 6 Teile zu einem Würfel.

11 Zeigt an dem Würfel Ecken, Kanten und Flächen. Baut aus euren Würfeln einen großen Würfel.

■ Würfel herstellen und als Bausteine größerer Würfel und Quader benutzen.

1 Vergleiche Würfel und Quader. Wie viele Ecken, Flächen und Kanten haben sie?
Welche Form haben die Flächen? Welche Kanten sind jeweils gleich lang?

2 a) Löse die Verklebungen einer Pappschachtel und breite sie aus. Wie viele Laschen hängen an den Seitenflächen? Klebe die Schachtel wieder zusammen.

b) Schneide die Schachtel entlang anderer Kanten auf. Skizziere das entstehende Netz.

3 a) Stelle ein Quadergestell (Kantenmodell) aus Stäben verschiedener Länge her.
Wie viele Stäbe von jeder Sorte brauchst du?

b) Stelle ein Kantenmodell aus gleich langen Stäben her.
Welchen Körper erhältst du?

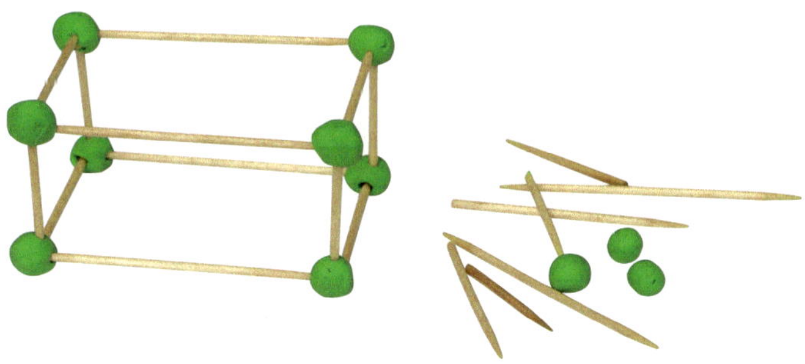

4 Überlege im Kopf.
Aus welchen dieser Figuren kann man einen Quader falten? Aus welchen nicht? Begründe.

a)
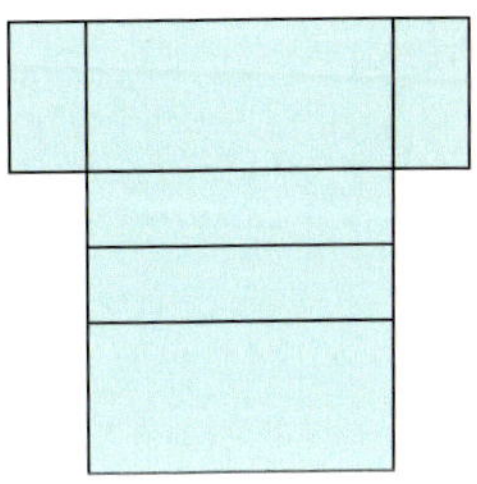

b)
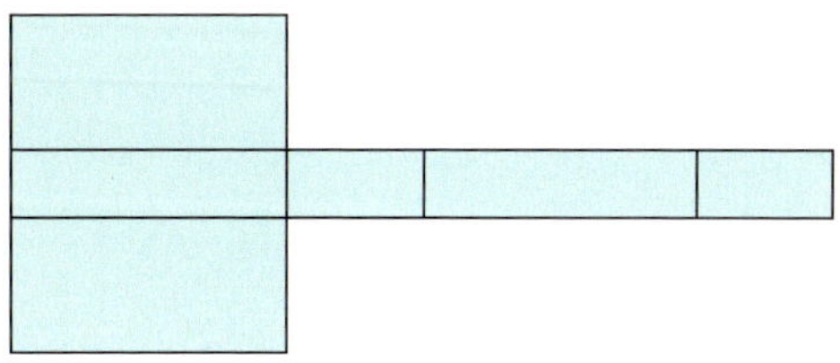

c)
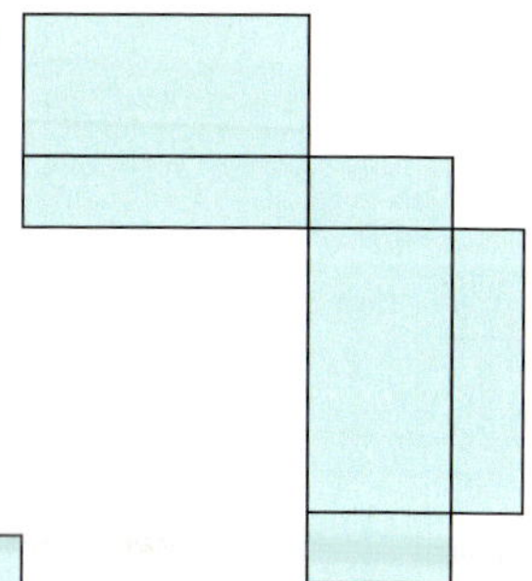

d)
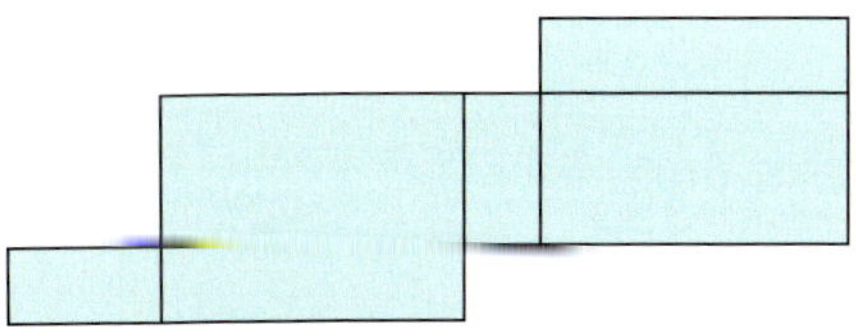

e)
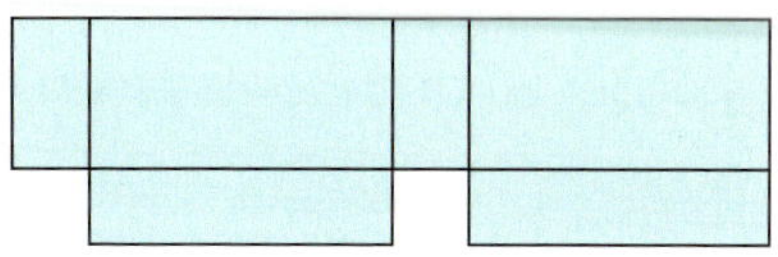

5 Kopfgeometrie.
Merkt euch die Buchstaben an den Ecken des Quaders und versucht, folgende Fragen im Kopf zu beantworten.

a) Welche Ecken liegen hinten (vorne, oben, links, rechts, unten)?

b) Welche Ecken liegen hinten links?

c) Welche Ecke liegt vorne rechts oben?

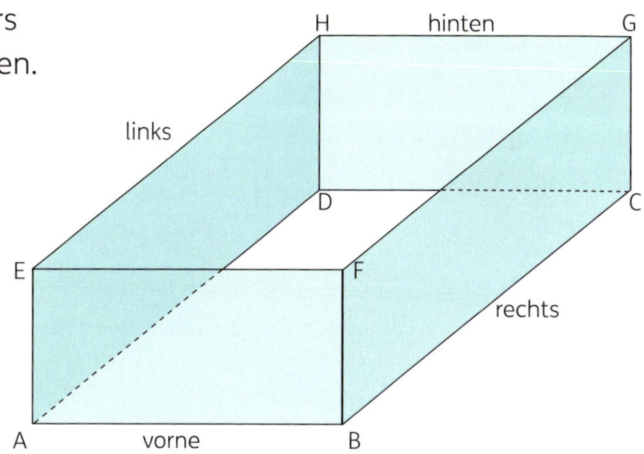

2 Seifenschachteln o. Ä. mitbringen lassen. **4** Netze auf Karopapier zeichnen und evtl. auf dünnen Karton kleben.
5 Kopfgeometrie. → Arbeitsheft, Seite 30

Einmaleins mit kleinen und mit großen Zahlen

1 Zeige und rechne mündlich die Aufgaben des Stelleneinmaleins mit Stufenzahlen.

a) b) c) d) e)

Welche Aufgaben sind einfach, welche sind schwierig?

f) Welche Aufgaben haben das Ergebnis 10 000?

g) Wie ändern sich die Zahlen und wie die Ergebnisse der Aufgaben von oben nach unten? Wie ändern sie sich in einer Diagonalen? Wie von links nach rechts?

2

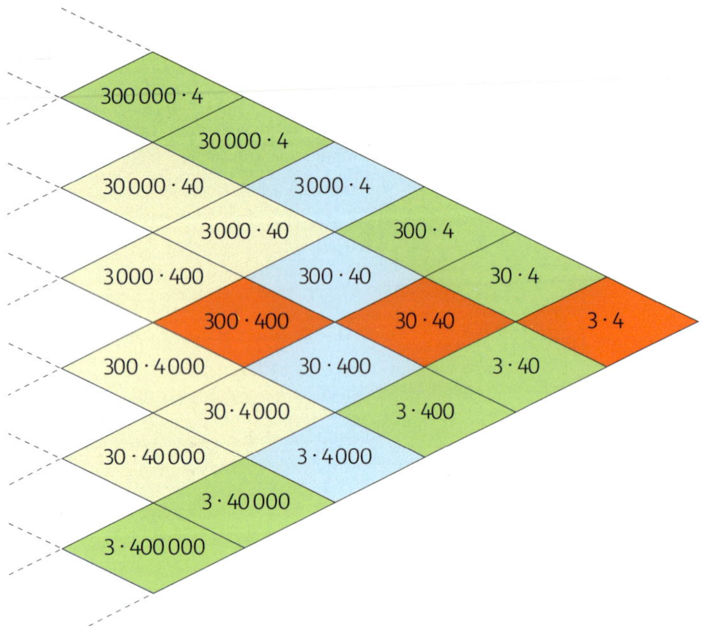

a) Wie ändern sich die Zahlen? Wie ändern sich die Ergebnisse?

b) Vergleiche mit dem Stelleneinmaleins mit Stufenzahlen.

c) Ordne die Aufgaben nach ihren Ergebnissen.

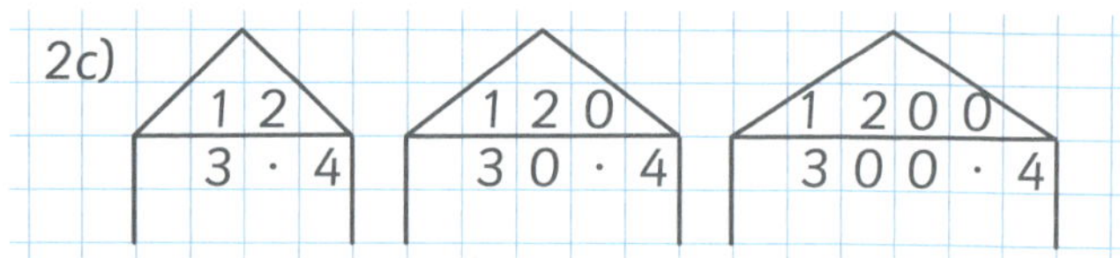

3 Finde die Zahlenhäuser zu den Ergebnissen.

a)	b)	c)	d)
450	350	480	240
4 500	3 500	4 800	2 400
45 000	35 000	48 000	24 000
450 000	350 000	480 000	240 000

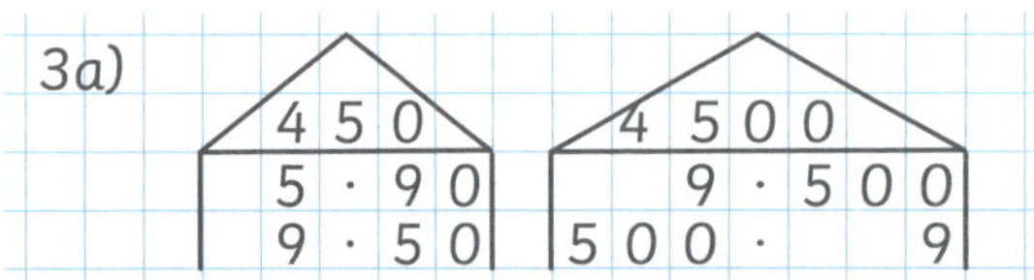

Blitzrechnen: Stelleneinmaleins

Aufgabe zeigen.

Aufgabe und Umkehraufgabe rechnen.

■ **1–3** Analogie zu den Aufgaben des Einmaleins aufzeigen. **1** Stelleneinmaleins mit Stufenzahlen als Kopiervorlage oder auf dem Buchrücken. ⚡ Zur Grundlegung und zum weiteren regelmäßigen Üben Stelleneinmaleins auf Buchrücken benutzen.

4 Wie ändern sich die Aufgaben in den einzelnen Zahlenhäusern?

2 700
9 · 300
90 ·
900 ·

72 000
8 · 9 000
80 ·
800 ·
8 000 ·

630 000
7 · 90 000
· 9 000
700 ·
· 90
70 000 ·

3 600
6 ·
60 ·
600 ·
9 ·
90 ·
900 ·

40 000
4 ·
40 ·
400 ·
4 000 ·
8 ·
80 ·

2 048
2 · 1 024
4 ·
8 ·
16 ·
32 ·

5 Rechne zuerst die einfachen Aufgaben.

a) 9 · 200　　9 · 270
9 · 70　　9 · 74
9 · 4　　9 · 204
　　9 · 274

5a) 9 · 200 = 1 800　　5 · 270 = 2 430
9 · 70 = 630

b) 6 · 300　　6 · 360
6 · 60　　6 · 305
6 · 5　　6 · 65
　　6 · 365

c) 4 · 500　　4 · 570
4 · 70　　4 · 78
4 · 8　　4 · 508
　　4 · 578

d) 3 · 900　　3 · 980
3 · 80　　3 · 88
3 · 8　　3 · 908
　　3 · 988

e) 8 · 600　　8 · 640
8 · 40　　8 · 49
8 · 9　　8 · 609
　　8 · 649

6 Das Malkreuz hilft beim Zerlegen in einfache Aufgaben.

a) 5 761 · 9
4 374 · 6
3 079 · 7
1 674 · 8

6a)

·	9
5 000	
700	
60	
1	

b) 1 234 · 5
2 431 · 6
4 783 · 4
5 047 · 8

c) 1 512 · 6
1 296 · 7
1 134 · 8
1 108 · 9

7 Die Larven des Marienkäfers vertilgen bis zu 3 000 schädliche Blattläuse. Die Menschen früher hielten deshalb den Käfer für ein Geschenk der heiligen Maria. Mika entdeckt in seinem Garten 9 Marienkäfer. Schätze: Wie viele Blattläuse könnten diese vertilgt haben?

⚡ Blitzrechnen: Einfache Multiplikationsaufgaben

Einmaleins-Aufgabe nennen.

Aufgabe und verwandte Aufgaben rechnen.

■ **4–6** Nutzung einfacher Aufgaben für schwierige bewusst machen. ⚡ Zur Grundlegung und zum weiteren regelmäßigen Üben. → Arbeitsheft, Seite 31 → Verstehen und Trainieren 4, Seite 30 → Probieren und Kombinieren 4, Seiten 16 – 19

Einmaleins umgekehrt mit kleinen und mit großen Zahlen

1

a)
36 : 9
360 : 9
3 600 : 9
36 000 : 9
360 000 : 9

b)
36 : 4
360 : 4
3 600 : 4
36 000 : 4
360 000 : 4

c)
49 : 7
490 : 7
4 900 : 7
49 000 : 7
490 000 : 7

d) Rechne ebenso mit
56 : 8
56 : 7
63 : 9
63 : 7
90 : 9
90 : 10
100 : 10

2 Beginne immer mit einer einfachen Aufgabe.

a)
72 000 : 2
72 000 : 4
72 000 : 8
72 000 : 9

b)
27 000 : 3
54 000 : 6
27 000 : 9
54 000 : 9

c)
36 000 : 3
36 000 : 4
36 000 : 6
36 000 : 9

d)
18 000 : 3
18 000 : 2
18 000 : 6
18 000 : 9

e)
24 000 : 2
24 000 : 4
24 000 : 8
12 000 : 4

3 Vergleiche jeweils zwei Ergebnisse.

a)
14 000 : 7
24 000 : 8
14 000 : 2
24 000 : 3

b)
18 000 : 6
28 000 : 7
18 000 : 3
28 000 : 4

c)
20 000 : 5
30 000 : 6
20 000 : 4
30 000 : 5

d)
16 000 : 2
27 000 : 3
16 000 : 8
27 000 : 9

e)
21 000 : 7
32 000 : 8
21 000 : 3
32 000 : 4

4 Vergleiche immer Start und Ziel. Was fällt dir auf? Begründe.

a) Start 200 —· 7→ 1 400 —+ 700→ 2 100 —: 7→ Ziel ……

Starte auch mit 300, 400, 500, 600.

b) Start 20 000 —· 7→ 140 000 —+ 70 000→ 210 000 —: 7→ Ziel ……

Starte auch mit 30 000, 40 000, 50 000, 60 000.

c) Start 20 000 —· 7→ 140 000 —− 70 000→ 70 000 —: 7→ Ziel ……

Starte auch mit 30 000, 40 000, 50 000, 60 000.

Blitzrechnen: Einfache Divisionsaufgaben

Umkehraufgabe des Einmaleins nennen.

Aufgabe und verwandte Aufgaben rechnen.

1–3 Analogie zwischen Umkehraufgaben des Einmaleins und Divisionsaufgaben mit glatten Zehnern herausstellen.
4 Beziehung zwischen Start- und Zielzahl im Klassengespräch begründen. Zur Grundlegung und zum weiteren regelmäßigen Üben.

5

a) 4 640 : 8
4 000 : 8
640 : 8

b) 7 272 : 9
7 200 : 9
72 : 9

c) 57 400 : 7
56 000 : 7
1 400 : 7

d) 27 210 : 3
27 000 : 3
210 : 3

e) 30 250 : 5
30 000 : 5
250 : 5

6

a) 8 072 : 8
8 000 : 8
72 : 8

b) 4 240 : 4
4 000 : 4
240 : 4

c) 654 : 6
600 : 6
54 : 6

d) 9 810 : 9
9 000 : 9
810 : 9

e) 701 400 : 7
700 000 : 7
1 400 : 7

7

a) 3 000 : 3 | 3 300 : 3
300 : 3 | 3 150 : 3
150 : 3 | 3 450 : 3
18 : 3 | 3 018 : 3

b) 7 000 : 7 | 7 280 : 7
280 : 7 | 7 042 : 7
42 : 7 | 322 : 7
7 322 : 7

c) 6 000 : 6 | 6 300 : 6
300 : 6 | 6 048 : 6
48 : 6 | 348 : 6
6 348 : 6

8 Beginne immer mit der einfachen Aufgabe.

a) 900 : 3
906 : 3
894 : 3

b) 812 : 4
800 : 4
796 : 4

c) 3 618 : 9
3 636 : 9
3 600 : 9

d) 4 000 : 8
4 048 : 8
4 480 : 8

e) 4 005 : 5
4 000 : 5
3 995 : 5

f) 2 700 : 9
2 745 : 9
2 718 : 9

g) 2 394 : 6
2 400 : 6
2 466 : 6

h) 2 010 : 3
2 040 : 3
2 100 : 3

i) 2 800 : 7
2 849 : 7
2 870 : 7

j) 5 100 : 6
5 400 : 6
5 454 : 6

9 Vergleiche die Rechenketten. Was fällt dir auf? Begründe.

a) Start 4 000 → ·10 → 40 000 → : 2 → Ziel 20 000 | Start 4 000 → · 5 → Ziel 20 000
Starte auch mit 1 400, 1 600, 2 100, 2 800, 3 200, 4 300.

b) Start 4 000 → :10 → 400 → · 2 → Ziel 800 | Start 4 000 → : 5 → Ziel 800
Starte auch mit 1 400, 1 600, 2 100, 2 800, 3 200, 4 300.

c) Start 4 000 → : 2 → 2 000 → ·10 → Ziel 20 000 | Start 4 000 → ·5 → Ziel 20 000
Starte auch mit 1 400, 1 600, 2 100, 2 800, 3 200, 4 300.

d) Start 4 000 → : 2 → 2 000 → : 2 → Ziel 1 000 | Start 4 000 → : 4 → Ziel 1 000
Starte auch mit 1 400, 1 600, 2 100, 2 800, 3 200, 4 300.

e) Start 4 000 → · 2 → 8 000 → · 3 → Ziel 24 000 | Start 4 000 → · 6 → Ziel 24 000
Starte auch mit 2 000, 3 000, 5 000, 6 000, 7 000, 8 000.

■ **5–8** Nutzung einfacher Divisionsaufgaben für schwierige bewusst machen. **9** Beziehung zwischen Start- und Zielzahl im Klassengespräch begründen. → Arbeitsheft, Seite 32 → Verstehen und Trainieren 4, Seiten 31, 32

Ponyhof Meier

Pensionspreise
(Übernachtung mit Vollpension)

Zimmer (Dusche/WC)
Erwachsene .... 36,– €
Kinder (bis 14 Jahre) .... 28,– €

Reitstunde
für Hausgäste .... 18,– €

Aus Sicherheitsgründen Reitkappe erforderlich, kann auch auf dem Hof gekauft werden.

1 Rasmus und seine Mutter wohnen vom 3. bis zum 6. August auf dem Ponyhof. Sie haben ein Zimmer mit Dusche/WC gemietet. Rasmus erhält 9 Reitstunden.

Erkläre und vervollständige die Rechnung.

PONYHOF MEIER – RECHNUNG

ANREISE: 3.8.		ABREISE: 6.8.
____	ÜBERNACHTUNGEN (E)	108 €
____	ÜBERNACHTUNGEN (K)	____ €
____	REITSTUNDEN	____ €
ZU ZAHLENDER BETRAG		____ €

2 Schreibe Preistabellen für
a) 1, 2, 3, 4, … Übernachtungen.
b) 1, 2, 3, 4, … Reitstunden.

2a)

Übernachtung (E)	Betrag
1	36 €
2	72 €
3	

Übernachtung (K)	Betrag
1	28 €
2	56 €
3	

3 Frau Meier, die Besitzerin des Ponyhofs, schreibt Rechnungen. Benutze die Tabelle von **2**. **?**

Ponyhof Meier – Abrechnung Oktober

Gäste	Preiskategorie	Anreise	Abreise	Anzahl, Preis: Übernachtungen		Anzahl, Preis: Reistunden		Gesamtpreis
Herr Hoffmann	E	3.10.	6.10.	3	108	2	36	288 €
Frau Hoffmann	E	3.10.	6.10.	3	108	2	36	
Herr Ludwig	E	1.10.	6.10.			1		
Julian (8)	K	1.10.	6.10.			3		
Lena (3)	K	1.10.	6.10.			3		
Frau Schütz		4.10.	6.10.			1		
Sina (13)		4.10.	6.10.			1		
Frau Preuß		2.10.	6.10.			2		
Herr Preuß		2.10.	6.10.			2		
Romek (11)		2.10.	6.10.			7		

4 Schreibe eine Rechnung für deine Familie, die eine Woche Urlaub auf dem Ponyhof macht.

■ **1–4** Sachsituation besprechen und Aufgaben möglichst selbstständig bearbeiten.

1 Beobachte an einer Uhr Sekunden-, Minuten- und Stundenzeiger.
a) Wie viele Minuten hat eine Stunde?
b) Wie viele Sekunden hat eine Minute?
c) Wie viele Stunden hat ein Tag?

2 Wie lange müssen die Reisenden warten?

3 Überlege und berechne am Malkreuz.
a) Wie viele Minuten hat ein Tag?
b) Wie viele Sekunden hat eine Stunde?
c) Wie viele Sekunden haben 2 Stunden?
d) Wie viele Sekunden hat ein Tag?

4 Wie viele Stunden und Minuten dauert die Show?

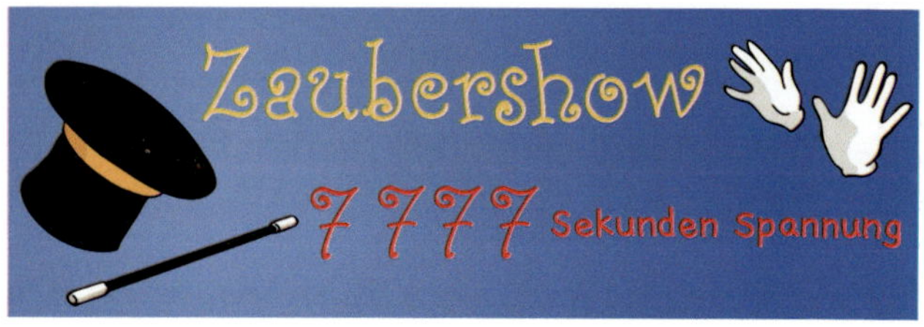

5

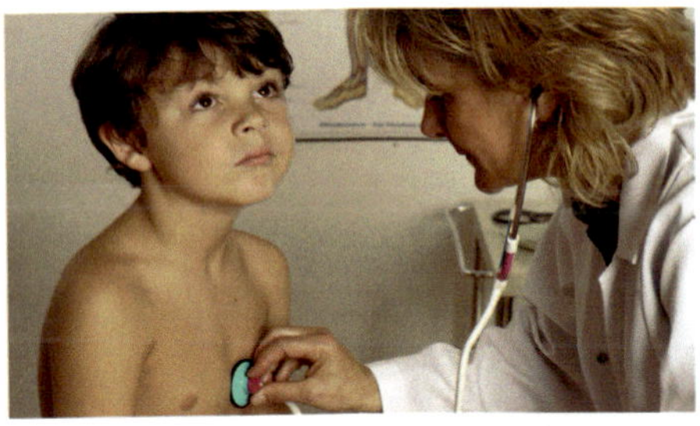

Ein Kinderherz schlägt etwa 72-mal pro Minute.
Wie oft schlägt es an einem Tag?

5)

·	60
70	4200
2	120
	4320

·	20	4
4000		
300		
20		

6

Lebewesen	Herzschläge pro Minute	Atemzüge pro Minute
Elefant	24	6
Maus	600	163
Hund	73	18
Igel (wach)	280	20
Igel (Winterschlaf)	18	5
Fledermaus	972	50
Meerschweinchen	250	90
Pferd	36	10
erwachsener Mensch	65	12

a) Berechne für jedes Tier die Herzschläge pro Stunde.

6a) Elefant

·	60
20	1200
4	240
	1440

b) Berechne für jedes Tier die Atemzüge pro Stunde.

c) Vergleiche mit dem Menschen.

d) Beobachte eine Uhr mit Sekundenzeiger. Stelle dir vor, wie ein Elefant oder wie eine Maus atmet.

■ **1–6** Sachsituationen im Klassengespräch klären und Aufgaben möglichst selbstständig bearbeiten.
→ Arbeitsheft, Seite 33

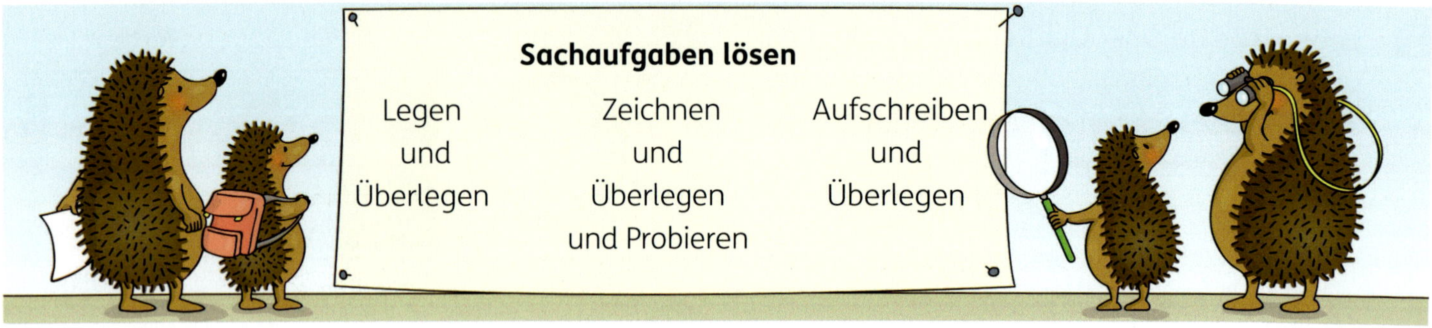

1 Frau Schaller verkauft an der Kasse eines Museums Eintrittskarten.
Die erste Karte am Morgen hatte die Nummer 597, die letzte am Nachmittag hatte die Nummer 912.
Wie viele Karten hat sie verkauft?

2 Am Anfang des Jahres hatte eine Stadt 40 923 Einwohner. Im Laufe des Jahres wurden 239 Kinder geboren. Es starben 386 Einwohner. Außerdem zogen 6 452 Personen neu zu, 5 876 Personen zogen von dort weg. Wie viele Einwohner lebten am Jahresende in dieser Stadt?

3 Eine Terrasse ist 5 m lang und 3 m breit.
Sie soll mit quadratischen Platten von 40 cm Seitenlänge gefliest werden.
Wie viele Platten werden ungefähr benötigt?

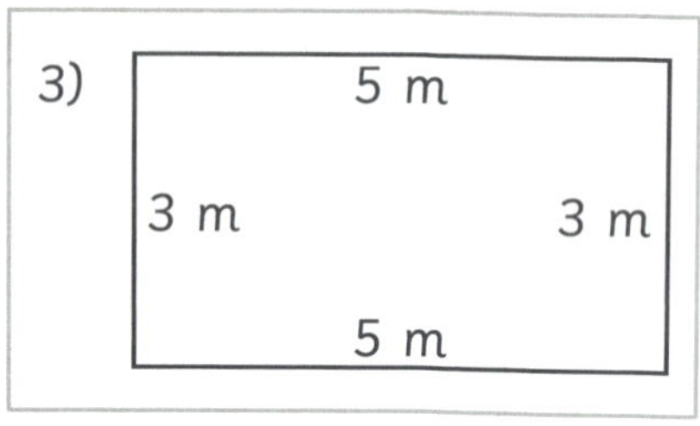

4 Eine Jugendgruppe mit 8 Mitgliedern unternimmt einen dreitägigen Ausflug.
Für Fahrt und Übernachtung entstehen Kosten von 384 Euro. **?**

5 Zum Rockkonzert kamen 10 520 Besucher.
Die Karte kostete 28 Euro. Wie hoch waren die Einnahmen?
Prüfe deine Rechnung durch einen Überschlag.

6

Autos verbrauchen unterschiedlich viel Benzin. Es werden immer Durchschnittswerte angegeben: In der Sparversion 5 l auf 100 km, in der Standardversion 6 l auf 100 km, in der Sportversion 8 l auf 100 km. Überschlage:

a) Wie viele km fährt das Auto etwa mit einer Tankfüllung in der Spar-, in der Standard- und in der Sportversion?

b) Ein Kunde fährt 15 000 km im Jahr. Wie viele l Benzin würde er in der Sparversion sparen?

c) Erkundige dich: Wie viele Liter fasst ein Autotank?

■ Sachrechenstrategien besprechen. Sachaufgaben möglichst selbstständig lösen.

7 Auf einem Bahnhof fahren um 9.40 Uhr zwei Züge ab. Sie fahren in entgegengesetzte Richtungen.
Der eine fährt pro Stunde 100 km, der andere fährt pro Stunde 80 km.
Wie weit sind die Züge nach $1\frac{1}{2}$ Stunden Fahrzeit voneinander entfernt?

8 Ein Flugzeug benötigt für die etwa 6 500 km lange Strecke von München nach New York etwa 8 Stunden.
Wie viele km legt es durchschnittlich in einer Stunde zurück?

9

Ein Fernsehmonteur fährt zu einem Kunden.
Die Reparatur dauert von 15.10 Uhr bis 17.40 Uhr.
Pro Arbeitsstunde berechnet er 47 Euro und für die Fahrt zusätzlich 9 Euro. **?**

10 Welche Aufgabe passt zu welcher Gleichung? Rechne und vergleiche.

a) Die Heizkosten für ein Jahr betragen 480 Euro.
Wie viele Euro sind das in einem Monat?

b) Ein Geschirrspüler kostet 480 Euro.
Bei Selbstabholung gibt der Händler einen Rabatt von 12 Euro. **?**

c) Eine Urlaubsreise kostet im Katalog 480 Euro.
Am Flughafen muss eine Gebühr von 12 Euro bezahlt werden. **?**

d) Die Wohnungsmiete beträgt im Monat 480 Euro.
Wie viel kostet die Miete in einem Jahr?

480 – 12

12 · 480

480 + 12

480 : 12

11

In einer großen Konzerthalle sind schon 26 Reihen mit Stühlen aufgestellt.
In Reihe 1 – 15 stehen jeweils 24 Stühle.
In Reihe 16 – 26 je 28 Stühle.
Es werden aber 1 100 Besucher erwartet.

a) Wie viele weitere Stühle müssen noch herbeigeschafft werden?

b) Wie viele Reihen mit 30 und wie viele Reihen mit 32 Stühlen ergibt das?

Sachrechnen im Kopf

1 Rechne die Aufgaben im Kopf.

Gewicht

25 g

Rezept
150 g Zucker

Wie viele Esslöffel Zucker werden gebraucht?

Zeit

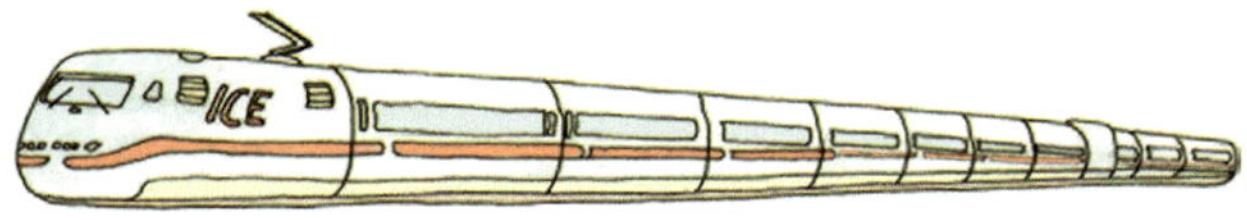

15.45
Abfahrt

19.15
Ankunft

Wie lange dauert die Reise?

Stellt euch selbst solche Aufgaben.

2

1 Tomate
≈ 90 g

ungefähr ? Tomaten wiegen $\frac{1}{2}$ kg

3

Gewicht	Preis
1 kg	8 €
100 g	? ct
200 g	? ct

4

Stuttgart hat
606 588 Einwohner

? mehr als eine halbe Million.

? weniger als 700 000.

5

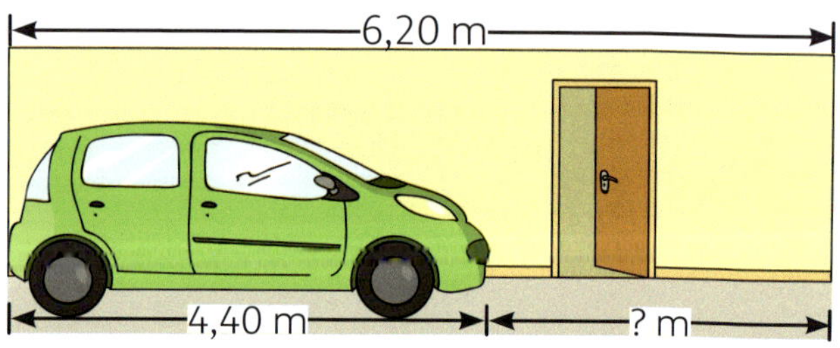

6

Sondermodell:
16 000 Euro
Zubehör:
1 800 Euro

zusammen ? Euro

7

1 Reitstunde	14 €
3 Reitstunden	? €
10 Reitstunden	? €

8

Nächste Inspektion bei 120 000 km

? km Unterschied

9

1 Glas
200 ml

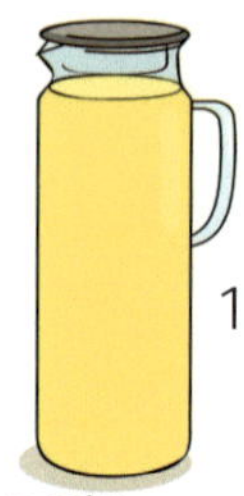

1 Liter Saft

? Gläser

■ **1–9** Aufgaben mit einem Partner besprechen und dann im Kopf lösen. Gegenseitig weitere ähnliche Aufgaben stellen.

10

a)
2,08 € = ? € ? ct
41,82 € = ? € ? ct
30,04 € = ? € ? ct
100,41 € = ? € ? ct

b)
265 ct = ? € ? ct
350 ct = ? € ? ct
620 ct = ? € ? ct
730 ct = ? € ? ct

c)
$\frac{1}{2}$ h = ? min
2 h = ? min
3 h = ? min
1 h 10 min = ? min

d)
3 · 20 min = ? h ? min
3 · 30 min = ? h ? min
5 · 20 min = ? h ? min
5 · 15 min = ? h ? min

e)
1,04 m = ? m ? cm
6,78 m = ? m ? cm
2,20 m = ? m ? cm
10,11 m = ? m ? cm

f)
6 · 25 cm = ? m ? cm
7 · 30 m = ? m ? cm
8 · 20 m = ? m ? cm
3 · 30 m = ? m ? cm

g)
$\frac{1}{2}$ l = ? ml
2 l = ? ml
0,25 l = ? ml
0,2 l = ? ml

h)
6 · 400 g = ? kg ? g
6 · 250 g = ? kg ? g
8 · 200 g = ? kg ? g
8 · 125 g = ? kg ? g

11 Wie viel?

a)
60 Euro mehr als 10 000 Euro
60 Euro weniger als 10 000 Euro

b)
600 Euro mehr als 10 000 Euro
600 Euro weniger als 10 000 Euro

c)
90 kg mehr als 1 Tonne
90 kg weniger als 1 Tonne

d)
5 min mehr als 1 Stunde
5 min weniger als 1 Stunde

12

a) Wie viel fehlt zu 10 000 €?
9 817 € 4 980 €
7 560 € 8 890 €

b) Wie viel fehlt zu 1 l?
480 ml 920 ml
785 ml 660 ml

c) Wie viel fehlt zu 1 t?
990 kg 580 kg
810 kg 775 kg

d) Wie viel fehlt zu 1 h?
58 min 49 min
35 min 51 min

e) Wie viel fehlt zu 1 m?
87 cm 810 mm
58 cm 998 mm

f) Wie viel fehlt zu 1 kg?
980 g 420 g
665 g 730 g

13

a)

10 000 €		
10 mal	1 000	€
5 mal	?	€
4 mal	?	€
2 mal	?	€
8 mal	?	€

b)

1 t		
10 mal	?	kg
5 mal	?	kg
4 mal	?	kg
2 mal	?	kg
8 mal	?	kg

c)

1 l		
10 mal	?	ml
5 mal	?	ml
4 mal	?	ml
2 mal	?	ml
8 mal	?	ml

d)

1 Tag		
2 mal	12	h
4 mal	?	h
8 mal	?	h
6 mal	?	h
3 mal	?	h

e)

1 h		
2 mal	?	min
4 mal	?	min
3 mal	?	min
6 mal	?	min
5 mal	?	min

f)

1 m		
10 mal	10	cm
5 mal	?	cm
4 mal	?	cm
2 mal	?	cm
8 mal	?	cm

g)

1 km		
10 mal	?	m
5 mal	?	m
4 mal	?	m
2 mal	?	m
8 mal	?	m

■ **10–13** Aufgaben mit einem Partner besprechen und dann im Kopf lösen. Evtl. mit Rechengeld legen, Zeit an Lernuhr (Kopiervorlage) einstellen, Längen am Maßband oder Lineal zeigen. Weitere ähnliche Aufgaben stellen und lösen.

Rothenburg
ob der Tauber

1 Vergleiche Plan und Bild.

a) In welchem Planquadrat liegt der Marktplatz?

b) Wo liegt das Rathaus?

c) Wo liegt der Schrannenplatz?

d) Welche Straßen liegen im Planquadrat C5?

e) Welche Straßen führen zum Marktplatz?

f) Liegen die Parkplätze innerhalb oder außerhalb der Stadtmauer?

g) Wie viele eckige und runde Türme hat die Stadtmauer zwischen Rödergasse und Galgengasse?

h) Wie viele Türme hat die St.-Jacobs-Kirche?

i) Von welcher Stelle etwa wurde das Rathaus fotografiert?

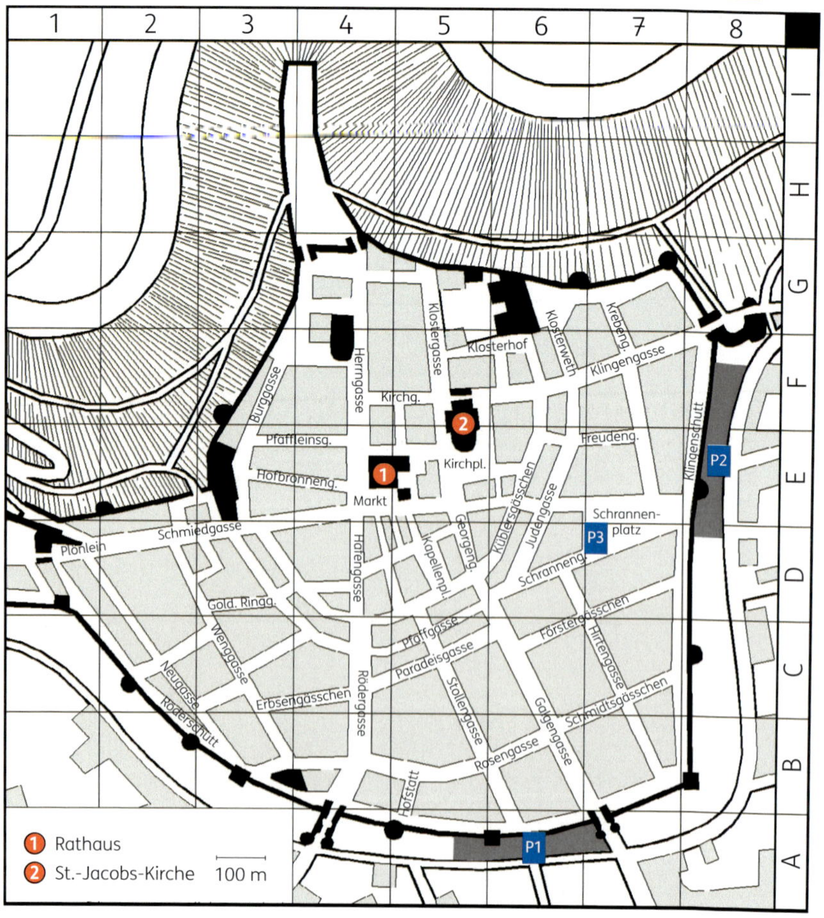

2 Sucht auf dem Stadtplan eures Wohnortes eure Schule. Zeigt auch euren Schulweg.

Vergrößerter Plan von Rothenburg als Kopiervorlage. Weitere Informationen unter http://www.rothenburg.de

Bereiche des Museums
14 Kinderbereich
13 Spielzeug seit 1945

12 Schaukelpferde, Kinderfahrzeuge, Puppenwagen
11 Blechspielzeug
10 Dampfmaschinen, Eisenbahnen, Modellbahnen

9 Zauberlaternen
8 Puppen, Puppenstuben
7 Sondervitrine
6 Kaufläden, Puppenküchen
5 Puppengeschirr
4 Aufstellfiguren

3 Holzspielzeug
2 Sonderausstellung
1 Kasse, Shop

Nürnberger Tand geht durch alle Land.

Die Stadt Nürnberg ist seit Jahrhunderten berühmt für die Herstellung von Spielzeug und hat ein großes Spielzeugmuseum.

1 Wie viele Stockwerke hat das Spielzeugmuseum? Zeige sie auf dem Bild.

2 Wie viele Räume haben die Stockwerke?

3 Welche Fenster siehst du auf dem Bild? Zeige sie in den Plänen.

4 Wie viele Bereiche hat das Museum? In welchen Stockwerken befinden sie sich?

5 Zeige auf den Plänen das Treppenhaus und die zwei Wendeltreppen in den oberen Stockwerken.

6 Beschreibe, wie du vom Eingang aus durch das Museum laufen kannst. Es gibt mehrere Wege.

7 Beschreibe den schnellsten Weg zu den Eisenbahnen.

8 Beschreibe den Weg vom ersten in das dritte Stockwerk über die Wendeltreppe.

9 Zeichnet in ähnlicher Weise einen Plan eures Schulgebäudes.

■ **1–4** Bild und Pläne vergleichen. **5–9** Pläne und Übersicht nutzen. Weitere Informationen unter http://www.museen.nuernberg.de/spielzeugmuseum

Rechenwege bei der Multiplikation

1 Wie rechnet ihr: Wie viele Stunden hat ein Jahr?

Kalender 2017

	Januar	Februar	März
Mo	2 9 16 23 30	6 13 20 27	6 13 20 27
Di	3 10 17 24 31	7 14 21 28	7 14 21 28
Mi	4 11 18 25	1 8 15 22	1 8 15 22 29
Do	5 12 19 26	2 9 16 23	2 9 16 23 30
Fr	6 13 20 27	3 10 17 24	3 10 17 24 31
Sa	7 14 21 28	4 11 18 25	4 11 18 25
So	1 8 15 22 29	5 12 19 26	5 12 19 26

	April	Mai	Juni
Mo	3 10 17 24	1 8 15 22 29	5 12 19 26
Di	4 11 18 25	2 9 16 23 30	6 13 20 27
Mi	5 12 19 26	3 10 17 24 31	7 14 21 28
Do	6 13 20 27	4 11 18 25	1 8 15 22 29
Fr	7 14 21 28	5 12 19 26	2 9 16 23 30
Sa	1 8 15 22 29	6 13 20 27	3 10 17 24
So	2 9 16 23 30	7 14 21 28	4 11 18 25

	Juli	August	September
Mo	3 10 17 24 31	7 14 21 28	4 11 18 25
Di	4 11 18 25	1 8 15 22 29	5 12 19 26
Mi	5 12 19 26	2 9 16 23 30	6 13 20 27
Do	6 13 20 27	3 10 17 24 31	7 14 21 28
Fr	7 14 21 28	4 11 18 25	1 8 15 22 29
Sa	1 8 15 22 29	5 12 19 26	2 9 16 23 30
So	2 9 16 23 30	6 13 20 27	3 10 17 24

	Oktober	November	Dezember
Mo	2 9 16 23 30	6 13 20 27	4 11 18 25
Di	3 10 17 24 31	7 14 21 28	5 12 19 26
Mi	4 11 18 25	1 8 15 22 29	6 13 20 27
Do	5 12 19 26	2 9 16 23 30	7 14 21 28
Fr	6 13 20 27	3 10 17 24	1 8 15 22 29
Sa	7 14 21 28	4 11 18 25	2 9 16 23 30
So	1 8 15 22 29	5 12 19 26	3 10 17 24 31

Neujahr 1. Januar, Karfreitag 14. April, Ostern 16./17. April, Maifeiertag 1. Mai, Christi Himmelfahrt 25. Mai, Pfingsten 4./5. Juni, Fronleichnam 15. Juni, Tag der Deutschen Einheit 3. Oktober, Allerheiligen 1. November, Weihnachten 25./26. Dezember

Vivien

365 · 24 = 8 760

300 · 20 = 6 000
300 · 4 = 1 200
60 · 20 = 1 200
60 · 4 = 240
5 · 20 = 100
5 · 4 = 20

8 760

Elias

·	20	4
300	6 000	1 200
60	1 200	240
5	100	20

7 300 + 1 460
= 8 760 Stunden

Tarek

365
+ 365
+ 365
+ 365
+ 365
+ 365
+ 365
+ 365
+ 365
+ 365
+ 365
+ 365
+ 365
+ 365
+ 365
+ 365
+ 365
+ 365
+ 365
+ 365
+ 365
+ 365
+ 365
+ 365
8 15 12

8 760

Carolin

24 · 365

24 · 3 = 72
24 · 300 = 7 200   7 200
24 · 6 = 144
24 · 60 = 1 440   + 1 440
24 · 5 = 120   + 120

8 760 Ein Jahr hat 8 760 Stunden.

Adam

·	300	60	5	
20	6 000	1 200	100	7 300
4	1 200	240	20	1 460
	7 200	1 440	120	8 760

Stunden

Wie rechnen die Kinder? Welche einfachen Aufgaben benutzen sie?
Vergleicht mit euren Rechenwegen.

2 Erkläre Thaos Rechenweg.

2) Thao
365 · 100 = 36 500
365 · 50 = 18 250
365 · 25 = 9 125
365 · 24 = 9 125 − 365 = 8 760

3 Wie viele Stunden hat

a) eine Woche,

b) jeder Monat,

c) ein Schaltjahr?

4 Fragen und Schätzen

a) Wie viele Monate bist du auf der Welt?
b) Wie viele Wochen bist du auf der Welt?
c) Wie viele Tage bist du auf der Welt?
d) Wie viele Stunden bist du auf der Welt?

Mathekonferenz zu einer Musteraufgabe. Verschiedene Lösungen besprechen und vergleichen. **2–4** Zu eigenen Rechenwegen ermuntern.

John Neper (1550 – 1617)

Im Mittelalter rechneten die alten Rechenmeister Malaufgaben mit Malstreifen.

Für 47 · 3 schrieben sie:

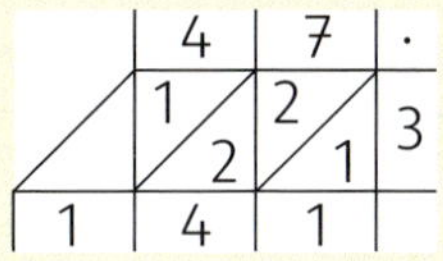

Beim Rechnen mit den Malstreifen wird ziffernweise einzeln multipliziert.
Im Ergebnis sind Einer und Zehner durch eine schräge Linie getrennt. So entsteht ein Gitter (Nepersche Streifen).

1 Schreibe wie im Mittelalter.

a) 9 · 7
7 · 8
9 · 6

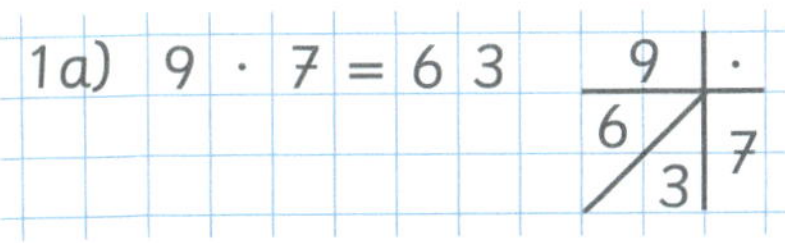

b) 0 · 6
2 · 3
4 · 1

c) 8 · 9
8 · 4
5 · 8

d) 6 · 6
4 · 9
9 · 4

2 So haben die alten Rechenmeister die Aufgabe 365 · 24 gerechnet.

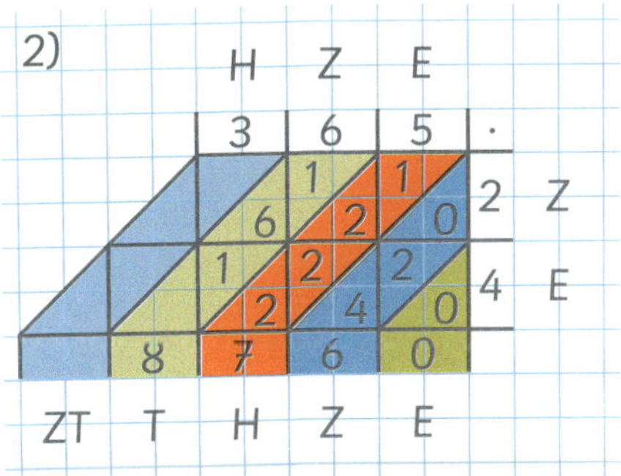

Zuerst wird ziffernweise multipliziert.
Die Ergebnisse werden nach den Ziffern getrennt in das Gitter geschrieben.
Zum Schluss werden die Zahlen in den schrägen Streifen nach Einern, Zehnern, Hundertern und Tausendern addiert und ergeben die Einer, Zehner, Hunderter und Tausender des Ergebnisses.

a) Welche Ziffern in der Rechnung ergeben E, Z, H und T?

b) Vergleiche die Rechnung mit der Rechnung von Adam auf Seite 76.

3 Rechne mit Malstreifen.

a) 978 · 4
489 · 8
326 · 12

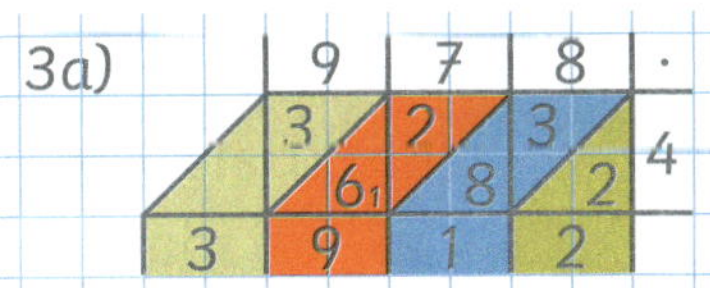

b) 112 · 9
168 · 6
337 · 3

c) 432 · 8
576 · 6
864 · 4

d) 424 · 6
636 · 4
848 · 2

4 Rechne mit Malstreifen.

a)	b)	c)	d)	e)
37 · 37	64 · 64	123 · 123	362 · 362	1 000 · 1 000
38 · 36	65 · 63	124 · 122	363 · 361	1 001 · 999
39 · 35	66 · 62	125 · 121	364 · 360	1 002 · 998
40 · 33	67 · 61	126 · 120	365 · 359	1 003 · 997
41 · 31	68 · 60	127 · 119	366 · 358	1 004 · 996

5 Vergleiche die Ergebnisse. Begründe.

a) 872 · 21 b) 436 · 21 c) 436 · 42 d) 218 · 42 e) 109 · 84 f) 109 · 168

■ **1** Schrittweise üben. **2 – 5** Zum Rechnen Kopiervorlage verwenden. → Arbeitsheft, Seite 36

Schriftliche Multiplikation

1 Früher rechnete man so:

a) 365 · 4

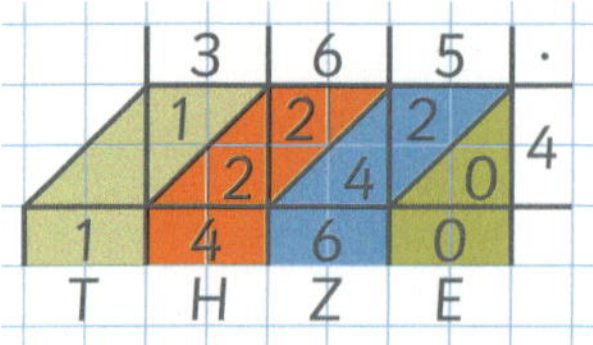

Heute rechnet man kürzer:

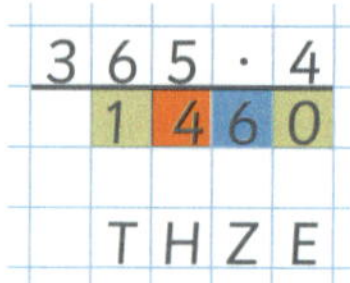

Sprich:
4 · 5 = 20, schreibe 0, merke 2
4 · 6 = 24, 24 + 2 = 26, schreibe 6, merke 2
4 · 3 = 12, 12 + 2 = 14, schreibe 14

b) 365 · 24

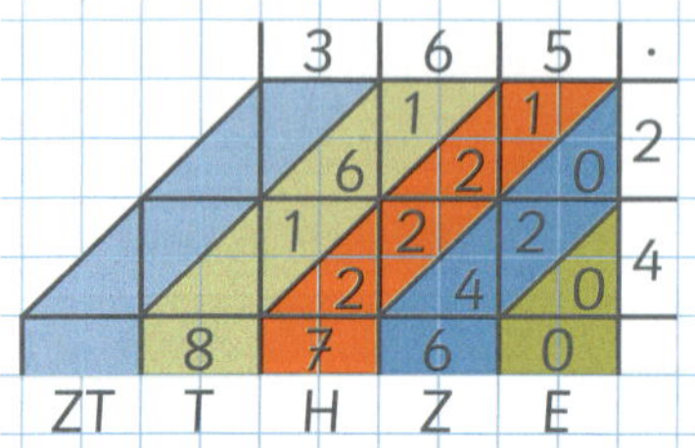

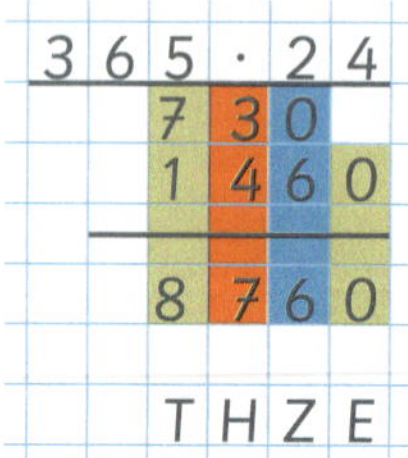

Sprich:
2 · 5 = 10, schreibe 0, merke 1
2 · 6 = 12, 12 + 1 = 13, schreibe 3, merke 1
2 · 3 = 6, 6 + 1 = 7, schreibe 7
4 · 5 = 20, schreibe 0, merke 2
4 · 6 = 24, 24 + 2 = 26, schreibe 6, merke 2
4 · 3 = 12, 12 + 2 = 14, schreibe 14

c) 365 · 20

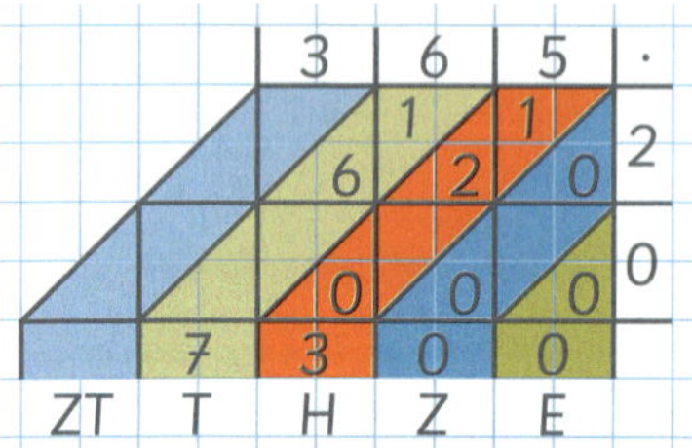

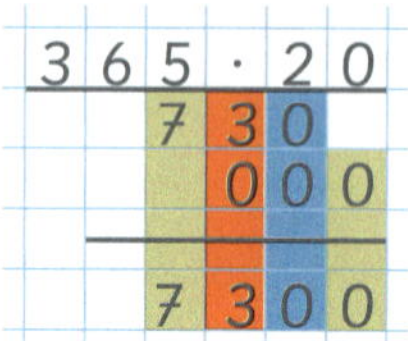

Oder noch kürzer:

2 Rechne zur Probe auch die Tauschaufgabe.

a) 35 · 66
42 · 55
33 · 70
39 · 59
77 · 30

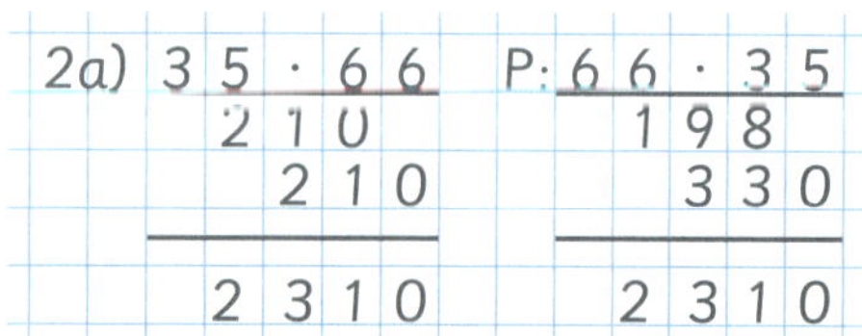

b) 36 · 77
63 · 44
99 · 28
42 · 66
33 · 69

c) 35 · 72
49 · 45
36 · 70
63 · 40
45 · 56

3 a) 1 089 · 1 1 089 · 2 1 089 · 3 1 089 · 4 1 089 · 5
1 089 · 6 1 089 · 7 1 089 · 8 1 089 · 9

b) Schreibe die Ergebnisse stellengerecht untereinander. Was fällt dir auf?

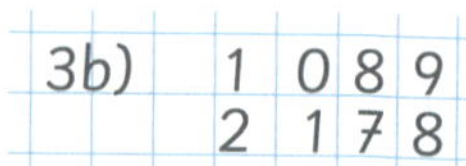

c) Begründe das Muster mit **5** von Seite 58.

4 Schöne Ergebnisse.

a)	b)	c)	d)	e)	f)
37 · 9	143 · 14	91 · 55	37 037 · 15	1 089 · 55	271 · 205
37 · 12	143 · 21	91 · 66	37 037 · 18	1 089 · 64	271 · 246
37 · 15	143 · 28	91 · 77	37 037 · 21	1 089 · 73	271 · 287
37 · 18	143 · 35	91 · 88	37 037 · 24	1 089 · 82	271 · 328
37 · 21	143 · 42	91 · 99	37 037 · 27	1 089 · 91	271 · 369

■ **1** Übergang von Malstreifen zur schriftlichen Multiplikation im Klassengespräch sorgfältig klären. **2–4** Auf stellengerechtes Rechnen achten. → Arbeitsheft, Seiten 37 – 39

1 **Wie überlegt und rechnet ihr: Wie viele Kilogramm sind es zusammen?**

6 · 4 = 24 Container.
Jeder Container wiegt 83 kg.

Kilian

1) 83 · 24
```
  166
   332
 ----
 1992
```

Agata

1) 83 · 6
```
 498
```
498 · 4
```
 1992
```

Sinem

1) 83 · 4
```
 332
```
332 · 6
```
 1992
```

Wie rechnen die Kinder? Vergleicht mit euren Rechenwegen.

2 Probiert selbst.
In jedem Container sind
a) 74 kg, b) 89 kg, c) 437 kg, d) 815 kg, e) 1 246 kg, f) 4 693 kg.
Rechnet immer wie Agata, Sinem und Kilian. Vergleicht die Ergebnisse.

3 Wähle eine beliebige Zahl kleiner 1 000.

a) Multipliziere zunächst mit 8 und dann das Ergebnis mit 125.
Vergleiche das Endergebnis mit der gewählten Ausgangszahl.
Beispiel: 68

3a) 68 · 8 → 544 · 125
```
68 · 8       544 · 125
 544 ─┘        544
              1088
               2720
             ------
             68000
```

b) Multipliziere nun zunächst mit 125 und dann das Ergebnis mit 8.

Beispiel: 68

3b) 68 · 125 → 8500 · 8
```
68 · 125     8500 · 8
  68
   136
    340
  ----
  8500 ─┘
```

c) Rechne weitere Aufgaben mit den Zahlen 257, 74, 409 und 39.

4 Wähle eine beliebige Zahl kleiner 1 000.

a) Multipliziere zunächst mit 77 und dann das Ergebnis mit 13.
Vergleiche das Endergebnis mit der gewählten Ausgangszahl.
Erkläre das Muster.
Tipp: Rechne 77 · 13.

Beispiel: 68

4a) 68 · 77 → 5236 · 13
```
68 · 77      5236 · 13
 476          5236
  476         15708
 ----        ------
 5236 ─┘      68068
```

b) Multipliziere zunächst mit 13 und dann das Ergebnis mit 77.

Forschen und Finden – Vergleichen und Begründen

Die Malreihe der Zahl 647:

647 · 1	647 · 2	647 · 3	647 · 4	647 · 5	647 · 6	647 · 7	647 · 8	647 · 9	647 · 10
647	1 294	1 941	2 588	3 235	3 882	4 529	5 176	5 823	6 470

1 Prüfe die Ergebnisse durch fortgesetzte Addition von 647.

647	1 294	1 941	2 588	3 235	3 882	4 529	5 176	5 823
+ 647	+ 647	+ 647	+ 647	+ 647	+ 647	+ 647	+ 647	+ 647

2 Mit den Ergebnissen der Malreihe werden immer zwei Aufgaben gebildet.
Vergleiche die Ergebnisse der Rechnungen mit den Ergebnissen der Malreihe.
Beschreibe, was dir auffällt und versuche es zu begründen.

a) 1 294 · 3
1 941 · 2

b) 1 294 · 4
2 588 · 2

c) 1 294 · 5
3 235 · 2

d) 2 588 · 5
3 235 · 4

e) 3 235 · 6
3 882 · 5

Tipp zur Begründung für a)

647 647 647
647 647 647

3 Rechne, beschreibe und begründe ebenso.

a) 1 941 · 7
4 529 · 3

b) 3 882 · 4
2 588 · 6

c) 1 941 · 8
5 176 · 3

d) 5 823 · 3
1 941 · 9

e) 5 176 · 4
2 588 · 8

4 Rechne immer drei Aufgaben und kontrolliere.

a) 647 · 42
3 882 · 7
4 529 · 6

b) 647 · 56
4 529 · 8
5 176 · 7

c) 647 · 54
5 823 · 6
3 882 · 9

d) 647 · 72
5 176 · 9
5 823 · 8

e) 647 · 63
4 529 · 9
5 823 · 7

5 Finde mit den Ergebnissen der Malreihe von 647 selbst ähnliche Aufgaben wie in **3**.

6 Berechne die Malreihe von 1 294, vergleiche mit der Malreihe von 647. Begründe, was dir auffällt.

7 Wähle selbst eine Zahl und berechne die Malreihe. Finde selbst Malaufgaben, die gleiche Ergebnisse haben müssen.

8 Mit der Malreihe einer Zahl lassen sich alle Produkte dieser Zahl einfach berechnen.
Erkläre: Wo stehen immer Zahlen der Malreihe bei der schriftlichen Multiplikation?

647 · 54
3235
2588

647 · 128
647
1294

■ 1–8 Gleiche Ergebnisse mit den Ergebnissen der Malreihe begründen (Assoziativgesetz der Multiplikation).

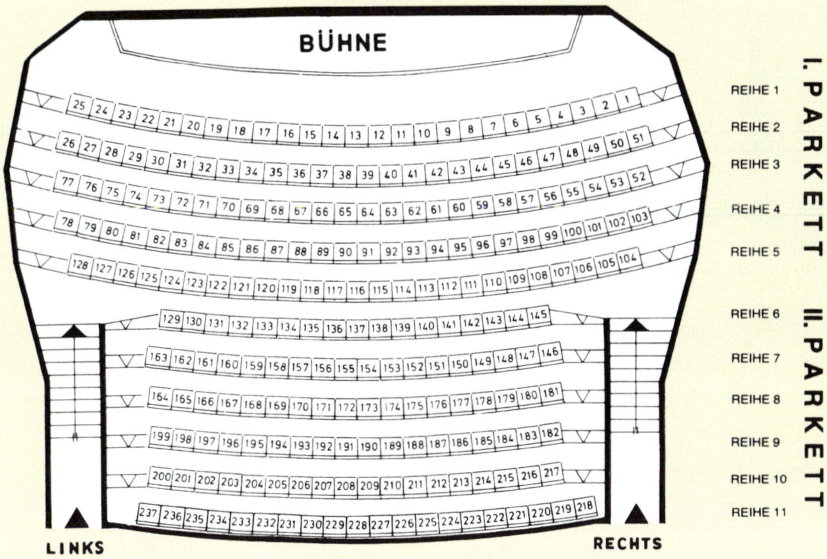

Puppentheater „Sternschnuppe“

Eintrittspreise:

I. Parkett	II. Parkett:
16,– Euro	14,– Euro

1 a) Wie viele Sitzplätze gibt es im I. Parkett? b) Wie viele Sitzplätze gibt es im II. Parkett?
c) Wie hoch sind die Einnahmen einer Vorstellung bei vollem Haus?

2

Wochentag	verkaufte Karten I. Parkett	verkaufte Karten II. Parkett
Donnerstag	99	98
Freitag	116	105
Samstag	128	108
Sonntag	122	103

Wie hoch waren die Einnahmen
a) an den verschiedenen Wochentagen,
b) an den vier Tagen des Gastspiels?

3

Wie hoch sind die Einnahmen bei vollem Haus je Vorstellung
a) in der Hauptsaison, b) in der Nebensaison?

HAUPTSAISON		
Preisklasse	Anzahl der Plätze	Preis
1	305	105,–
2	692	85,–
3	370	65,–
4	160	50,–

NEBENSAISON		
Preisklasse	Anzahl der Plätze	Preis
1	305	90,–
2	692	75,–
3	370	55,–
4	160	45,–

Vergrößern und Verkleinern

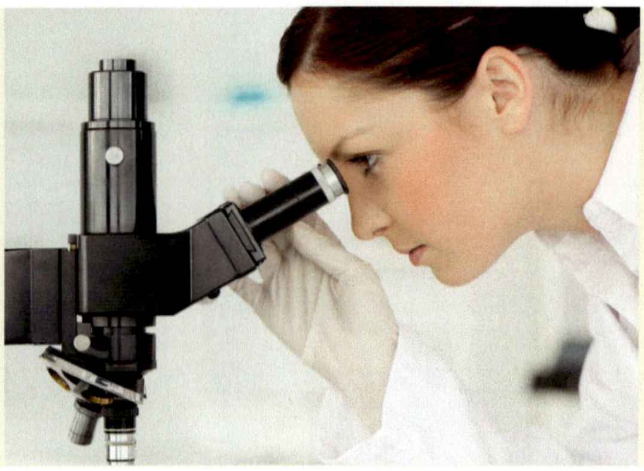

Mit einer **Lupe** und einem **Mikroskop** lassen sich kleine Dinge vergrößert betrachten.

1 a) Zeichne den Buchstaben H und vergrößere ihn. Zeichne bei dem großen H jeweils doppelt so lange Striche.
Dann hast du im Maßstab 2 : 1 (gesprochen 2 zu 1) vergrößert.
b) Vergrößere Buchstaben aus deinem Vornamen im Maßstab 2 : 1.

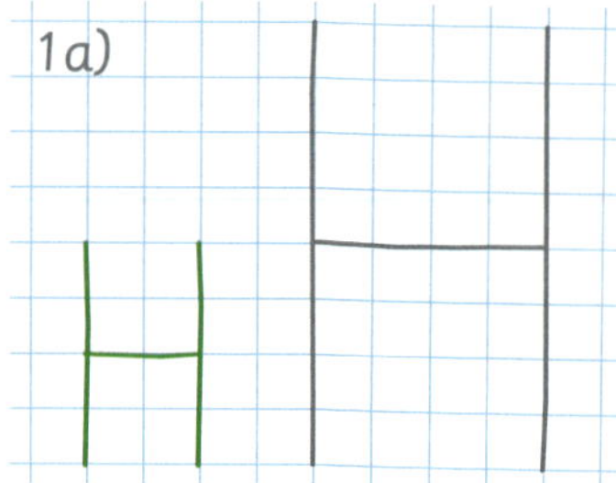

2 a) Zeichne den Buchstaben H und verkleinere ihn. Zeichne bei dem kleinen H jeweils halb so lange Striche.
Dann hast du im Maßstab 1 : 2 (gesprochen 1 zu 2) verkleinert.
b) Verkleinere Buchstaben aus deinem Vornamen im Maßstab 1 : 2.

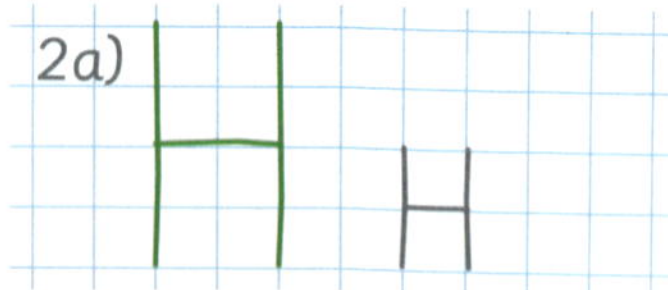

! Der Maßstab gibt an, wie viele Male Längen vergrößert oder verkleinert wurden.

3 Wie lang sind die Tiere in Wirklichkeit? Miss und rechne.

a) Die Maus ist im Maßstab 1 : 3 verkleinert.
1 cm im Bild sind 3 cm in der Wirklichkeit.

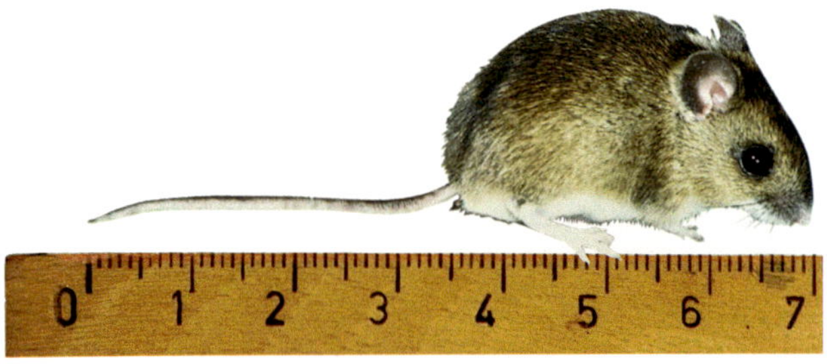

b) Die Biene ist durch die Lupe im Maßstab 4 : 1 vergrößert. 4 cm im Bild entsprechen 1 cm in der Wirklichkeit.

3a) Maus mit Schwanz im Foto: 7 cm
in Wirklichkeit: $3 \cdot 7$ cm = 21 cm

Maus ohne Schwanz im Foto:

4 a) Das Quadrat wurde im Maßstab 2 : 1 vergrößert. Wie ändert sich die Fläche?

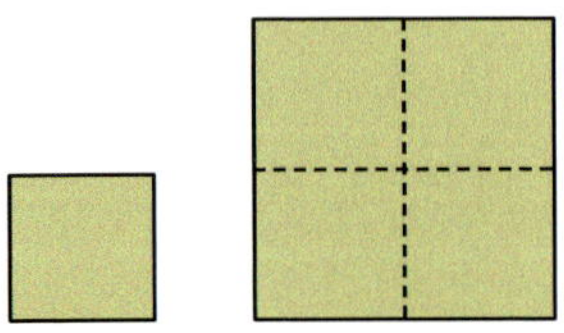

b) Der Würfel wurde im Maßstab 2 : 1 vergrößert. Wie ändert sich der Inhalt?

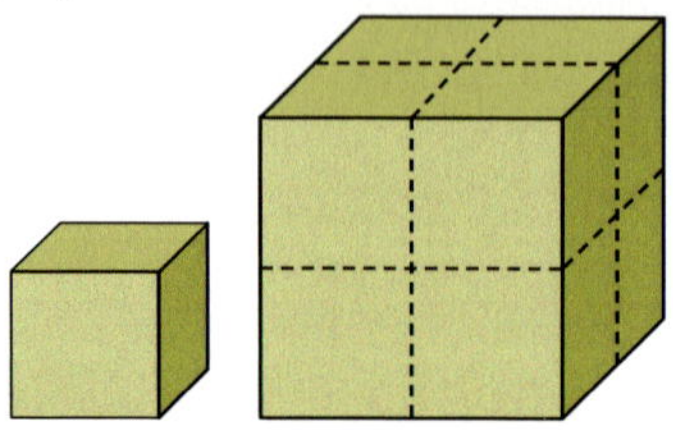

1, 2 Vergrößern und Verkleinern anhand von Karopapier erarbeiten. **3** Vergrößern und Verkleinern im Kontext „Natur“.

Spielzeuge gibt es in verschiedenen Größen.
Bei der Modelleisenbahn gibt es die Baugröße H0.
Diese Modelle sind im Maßstab 1 : 87 verkleinert.
1 cm im Modell entsprechen 87 cm in der Wirklichkeit.

5 a) Das Modell des ICE-Großraumwagens ist 27 cm lang. Berechne die Länge in der Wirklichkeit.

b) Das Modell eines Gepäckwagens ist 16 cm lang. Berechne die Länge in der Wirklichkeit.

5a) 27 cm · 87 = 2349 cm

27 · 87	
216	
189	
2349	

2349 cm = 23 m 49 cm = 23,49 m

6 Wie lang sind die Fahrzeuge in Wirklichkeit?

a) 

Länge des Modells: 19 cm
Maßstab: 1 : 87

b) 

Länge des Modells: 10 cm
Maßstab: 1 : 87

c) 

Länge des Modells: 15 cm
Maßstab: 1 : 60

d) 

Länge des Modells: 18 cm
Maßstab: 1 : 12

e) 

Länge des Modells: 25 cm
Maßstab: 1 : 18

f) 

Länge des Modells: 13 cm
Spannweite des Modells: 12 cm
Maßstab: 1 : 500
(1 cm im Modell sind 5 m = 500 cm in Wirklichkeit.)

7 

Fragen und Schätzen
Wie lang ist das Schiff in Wirklichkeit?
Tipp: Vergleiche mit der Größe des Matrosen an Bord.

Vergrößern und Verkleinern im Kontext „Technik“. Sachstrukturierte Übung der Multiplikation.
→ Arbeitsheft, Seiten 40, 41

Große Plätze

1

Auf dem Plan rechts siehst du das Spielfeld der Mercedes-Benz-Arena in Stuttgart auf Millimeterpapier. 1 mm auf dem Plan ist in Wirklichkeit 1 m. 1 Millimeterkästchen entspricht einem Quadrat von 1 m Seitenlänge.

a) Wie breit etwa ist das Tor?

b) Wie breit und wie lang etwa ist der Strafraum?
Wie viele Meterquadrate passen in den Strafraum?

c) Wie breit und wie lang etwa ist das gesamte Spielfeld?
Wie viele Meterquadrate passen in das Spielfeld?

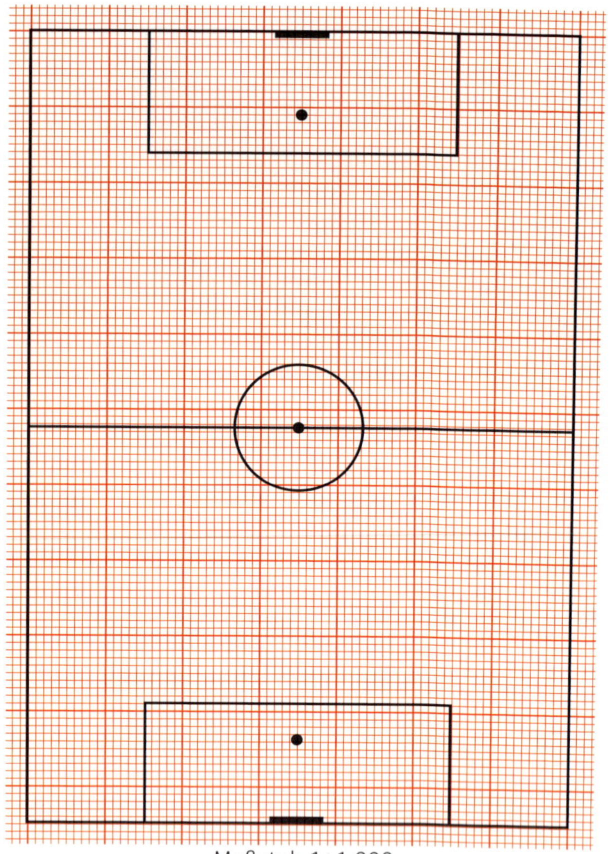

Maßstab 1 : 1 000

2 Zeichne die Spielfelder auf Millimeterpapier.
Nimm für 1 m in der Wirklichkeit 1 mm in der Zeichnung.
Schneide die Spielfelder aus und lege sie auf den Plan des Fußballfeldes.

a) Wie oft etwa passt ein Tennisplatz auf ein Fußballfeld?

b) Vergleiche auch die anderen Spielfelder mit dem Fußballfeld.

Tennisplatz:	36 m lang,	18 m breit
Handballfeld:	42 m lang,	20 m breit
Eishockeyfeld:	58 m lang,	28 m breit
Volleyballfeld:	18 m lang,	9 m breit

3 Große Plätze

	Länge	Breite
Pariser Platz in Berlin	220 m	75 m
Autobahnkreuz	385 m	350 m
Hubschrauberlandeplatz	20 m	20 m
Flugzeugstartbahn	3 900 m	60 m
Platz des Himmlischen Friedens in Peking	880 m	500 m
Roter Platz in Moskau	390 m	140 m
Central Park in New York	2 400 m	880 m
Wenzelsplatz in Prag	680 m	60 m

Berechne die Anzahl der Meterquadrate.

Pariser Platz mit Brandenburger Tor

4 Drei Personen können bequem auf einem Meterquadrat stehen.
Wie viele Personen könnten auf dem Spielfeld der Mercedes-Benz-Arena Platz finden?

1–4 Sachstrukturierte Übung der Multiplikation. → Arbeitsheft, Seite 41

1 Familie Fallenstein sucht eine Wohnung. Sie liest diese Anzeige in der Zeitung:

Gepfl. 4 Zimmer,
Küche, Bad, Terrasse, in 5-Familienhaus, Wfl. ca. 110 m², frei ab 1.6., Miete 840 Euro + NK + Kaution.
Zuschr. erb. u. 68A0076.

Auf ihre Zuschrift erhält sie einen Wohnungsgrundriss im Maßstab 1 : 100.
1 cm in der Zeichnung entspricht 100 cm = 1 m in der Wirklichkeit.

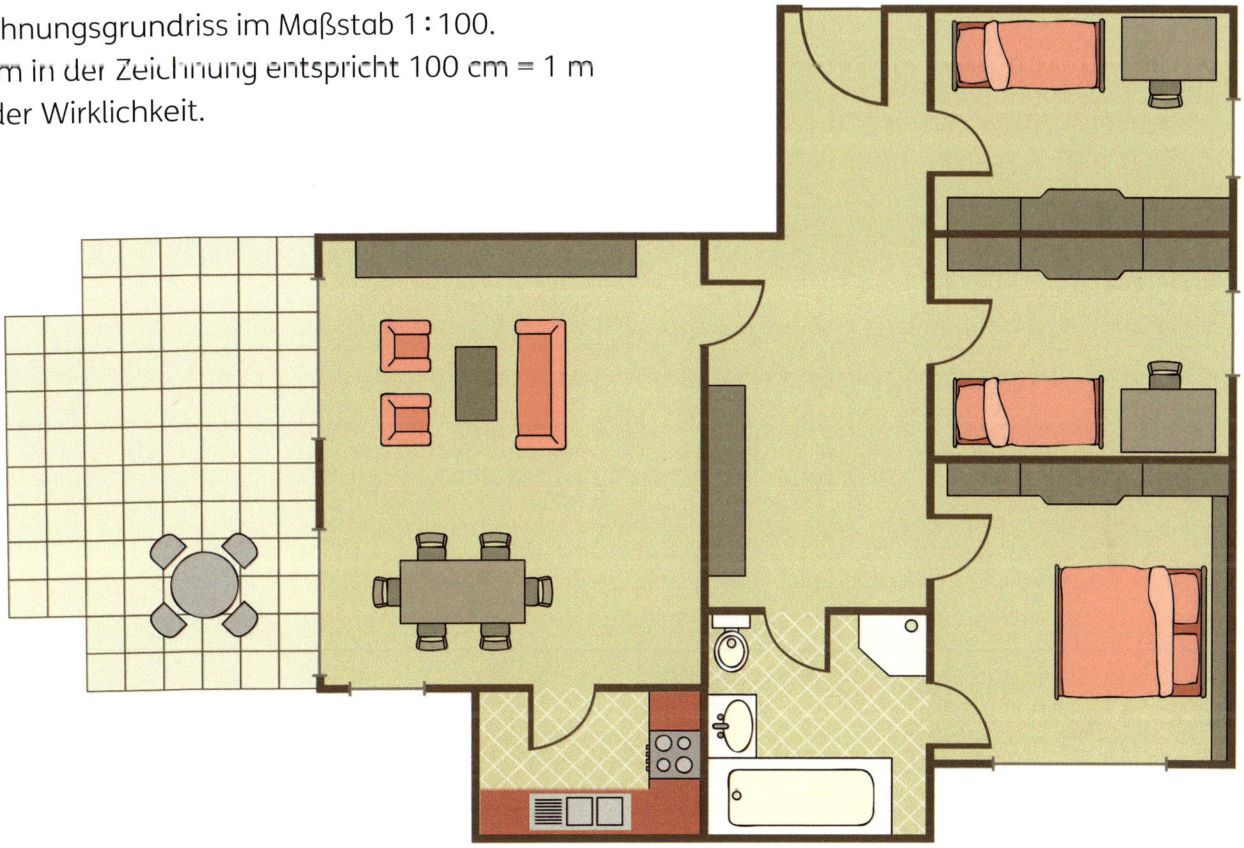

a) Wie lang und wie breit sind die einzelnen Räume und die Terrasse in Wirklichkeit?
b) Überschlage: Wie viele Meterquadrate haben die Räume und die Terrasse? Vergleiche mit der Anzahl der Meterquadrate in der Anzeige.
c) Wie lang und wie breit sind der Schreibtisch und das Bett im Kinderzimmer?
d) Die beiden Kinderzimmer sollen mit Teppichfliesen (50 cm x 50 cm) ausgelegt werden. Wie viele Fliesen werden benötigt?

2 Zeichne einen Plan im Maßstab 1 : 100
a) von deinem Klassenzimmer,
b) von einem Zimmer deiner Wohnung.

3 Maßstab 1 : 100. Berechne.

a)

Plan	4 cm	11 cm	45 mm	20 cm	91 mm	13 mm	9 mm
Wirklichkeit	4 m						

b)

Plan						10,5 cm	
Wirklichkeit	7 m	12 m	5,50 m	8 m	2 m		1 m

■■ Sachstrukturierte Übung von Multiplikation und Division. **2** Karopapier verwenden (1 cm für 1 m).

Regelmäßige Vielecke

Das Ziffernblatt einer Uhr hat 60 Teile, die Zeichenuhr hat ebenfalls 60 Teile. Mit der Zeichenuhr kannst du schöne Muster zeichnen.

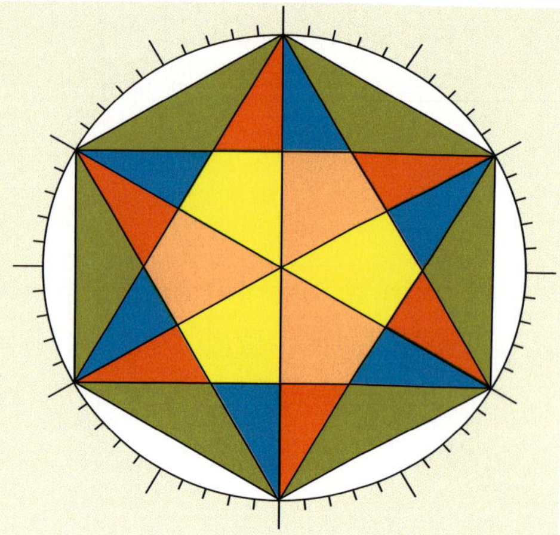

1 a) Teile die Zeichenuhr in drei gleiche Abschnitte. 1a) 6 0 : 3 =

b) Verbinde die Punkte.

c) Welche Form erhältst du?

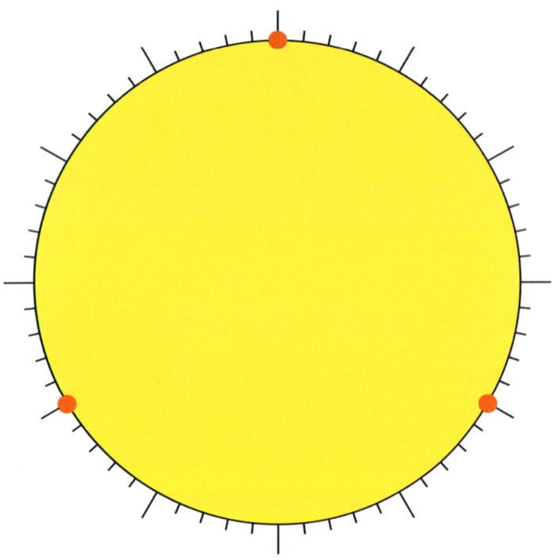

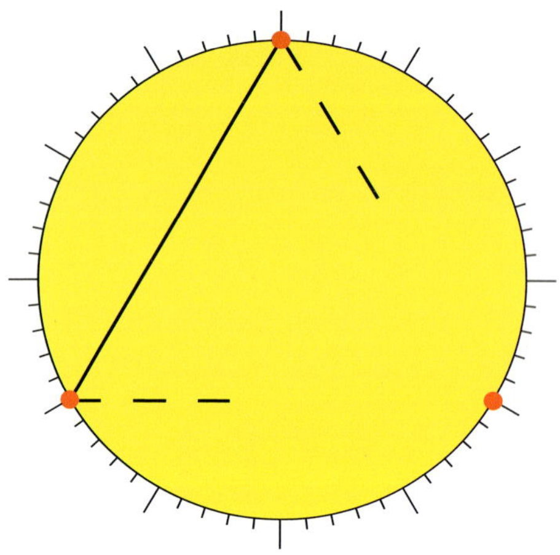

2 Teile die Zeichenuhr

a) in vier gleiche Abschnitte,
b) in acht gleiche Abschnitte,
c) in fünf gleiche Abschnitte,
d) in zehn gleiche Abschnitte,
e) in sechs gleiche Abschnitte,
f) in zwölf gleiche Abschnitte.

3 Färbe die Vielecke und schneide sie aus.

4 Klebt aus euren ausgeschnittenen regelmäßigen Vielecken

a) ein Parkett aus Dreiecken,
b) ein Parkett aus Quadraten,
c) ein Parkett aus Sechsecken.

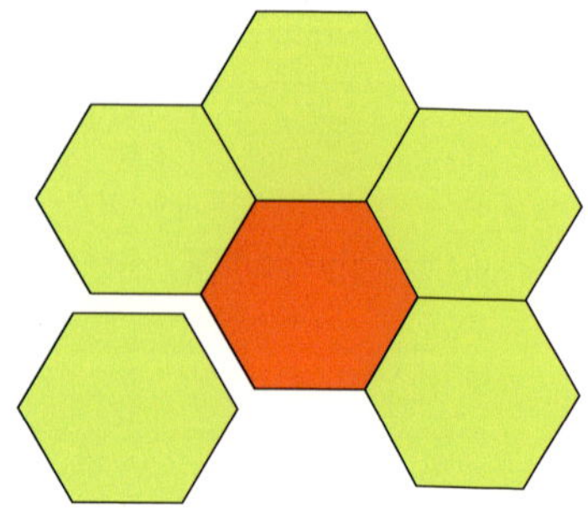

5 Ein Parkett aus regelmäßigen Fünfecken kann man nicht legen. Begründe.

■ Vielecke mithilfe der Zeichenuhr (Kopiervorlage) herstellen. → Arbeitsheft, Seite 42

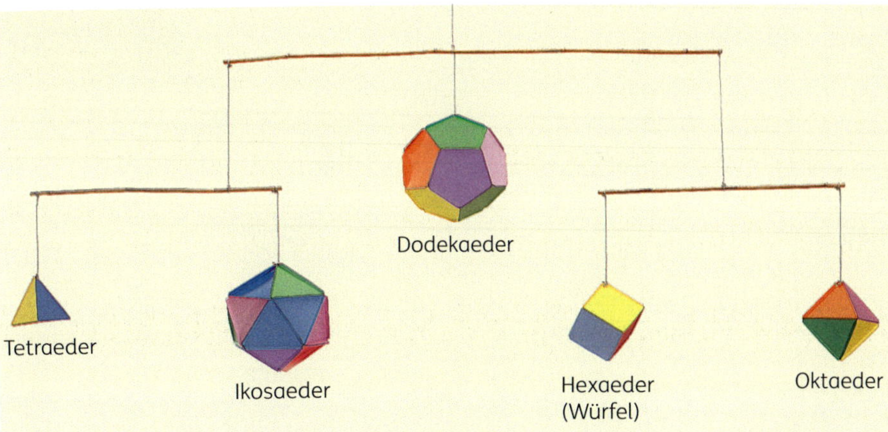

Ein Hexaeder (Würfel) hat
6 Flächen, 8 Ecken und 12 Kanten.

Ein Tetraeder hat 4 Flächen.

Ein Oktaeder hat 8 Flächen.

Ein Ikosaeder hat 20 Flächen.

1 Stellt einen Dodekaeder her.
Ihr braucht: 12 Blätter Fotokarton, 1 Zeichenuhr, Schere, Kleber, Bleistift, Lineal

1. Zeichnet mit der Zeichenuhr auf Fotokarton zwölf Kreise mit einem regelmäßigen Fünfeck darin.

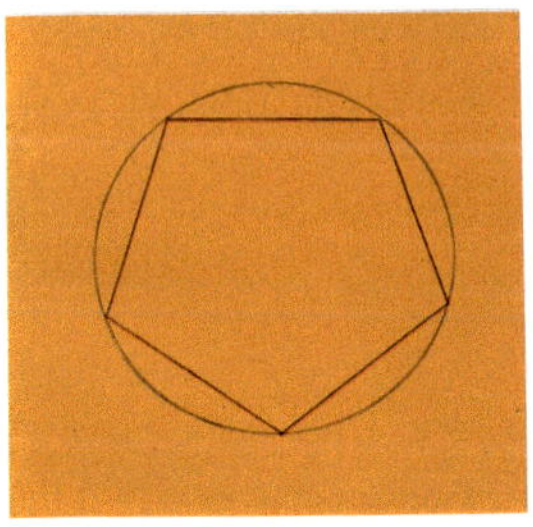

2. Schneidet die Kreise aus.

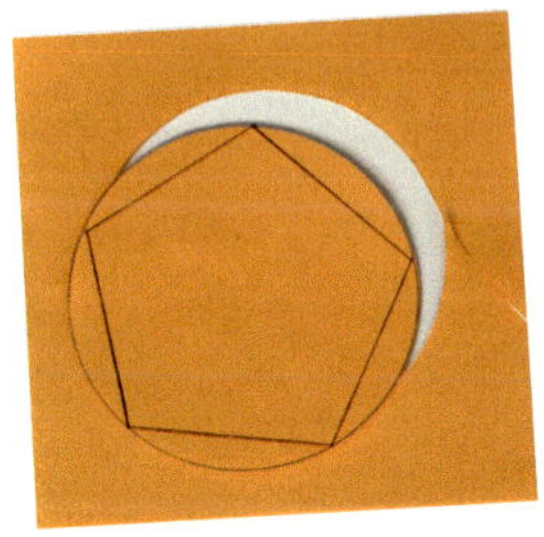

3. Faltet nun die überstehenden Flächen der Fünfecke als Klebelaschen nach innen.

4. Klebt an die Laschen eines Fünfecks fünf weitere Fünfecke.
Es entsteht ein halber Dodekaeder.

5. Klebt die übrigen Fünfecke nacheinander so an, dass sich die Form schließt.

2 Stellt auch die anderen Körper her.

3 Wie viele Ecken, wie viele Kanten hat a) ein Dodekaeder, b) ein Tetraeder, c) ein Oktaeder?

1 Wie überlegt ihr: Wie viele Pferde? Wie viele Fliegen?

In einem Stall werden Pferde und Fliegen gezählt. Es sind 15 Tiere. Zusammen haben sie 72 Beine.
Wie viele Pferde und wie viele Fliegen sind es?

Malin rechnet

6 + 6 + 6 + 6 + 6 + 6 + ~~6~~ 4 +
4 + 4 + 4 + 4 + 4 + 4 + 4 + 4 = ~~74~~ 72

Antwort: 6 Fliegen, 9 Pferde

und erklärt:
„Zuerst hatte ich 7 Fliegen und 8 Pferde. Da waren es 74 Beine. Das waren 2 zu viel. Deshalb habe ich aus einer Fliege ein Pferd gemacht. Jetzt waren es 2 Beine weniger.“

Janik zeichnet

Antwort: 9 Pferde, 6 Fliegen

und erklärt:
„Es sind zusammen 15 Tiere. Also habe ich 15 Kreise gemalt. Jedes Tier hat mindestens 4 Beine. Dann bleiben noch 12 Beine übrig. Die habe ich noch an die 6 Tiere verteilt. Diese Tiere sind dann die Fliegen.“

Dominik überlegt

8 Fliegen haben 48 Beine
7 Pferde haben 28 Beine = 76 Beine

7 Fliegen haben 42 Beine
8 Pferde haben 32 Beine = 74 Beine

6 Fliegen haben 36 Beine
9 Pferde haben 36 Beine = 72 Beine

Antwort: Es sind 6 Fliegen und 9 Pferde.

Hannah überlegt:
„Ich habe mir erst überlegt, welche Zahlen in 72 stecken. Eine Zahl aus der Viererreihe (wegen der Pferde) und eine Zahl aus der Sechserreihe (wegen der Fliegen).
Ich habe dann probiert:“

48 + 24 = 72 geht nicht, das wären:
8 Fliegen und 6 Pferde
oder 12 Pferde und 4 Fliegen.
36 + 36 = 72 geht, es sind:
6 Fliegen und 9 Pferde.

Wie überlegen die Kinder? Vergleicht mit euren Rechenwegen.

2 In einem anderen Stall werden 10 Tiere gezählt. Es sind Pferde und Fliegen. Zusammen haben sie 46 Beine. Wie viele Pferde und wie viele Fliegen sind es?

3 Im Tierpark werden in einem Gehege 18 Tiere gezählt. Es sind Ziegen und Hühner. Zusammen haben sie 58 Beine. Wie viele Ziegen und wie viele Hühner sind es?

4 In einem Stall werden 20 Tiere gezählt. Es sind Kühe und Schwalben. Zusammen haben sie 76 Beine. ?

1 Lösungen der Kinder nachvollziehen (Mathekonferenz). **2–4** Textaufgaben auf eigene Weise lösen.

Aus einem alten Schulbuch. Löse durch Probieren.

V *Ein Esel und ein Maultier sind mit schweren Säcken beladen. Sie trotten nebeneinander her. Dabei stöhnt der Esel fürchterlich unter der großen Last.*

Das Maultier spricht zu ihm: „Warum stöhnst du so? Ich trage doch mehr Säcke als du. Nähmst du mir einen Sack ab, so hätten wir gleich viele Säcke auf dem Rücken. Gäbst du mir aber einen Sack ab, so hätte ich doppelt so viele Säcke wie du."

Versuche herauszufinden, wie viele Säcke das Maultier und der Esel tragen.

VI *Von Montag bis Freitag wurden auf einer Weide zusammen 60 Schäfchen geboren. Am Dienstag waren es drei mehr als am Montag, am Mittwoch wieder drei mehr als am Dienstag, am Donnerstag wieder drei mehr als am Mittwoch, am Freitag drei mehr als am Donnerstag.*

Kannst du herausfinden wie viele Schäfchen an den einzelnen Wochentagen geboren wurden?

7 Vier Kinder fahren mit dem Fahrrad.
Annika fährt 40 Kilometer in 90 Minuten.
Lukas fährt 30 Kilometer in 2 Stunden.
Lena fährt 40 Kilometer in 2 Stunden.
Hannes fährt 30 Kilometer in 90 Minuten.

a) Wer fährt am schnellsten?
b) Wer fährt am langsamsten?
c) Ordne nach den Geschwindigkeiten.

8 Eine Gartenschaukel soll gebaut werden.
Wie viele Meter Seil werden ungefähr benötigt?
Im Baumarkt gibt es 10-m-, 25-m- und 50-m-Rollen. Was würdest du kaufen?

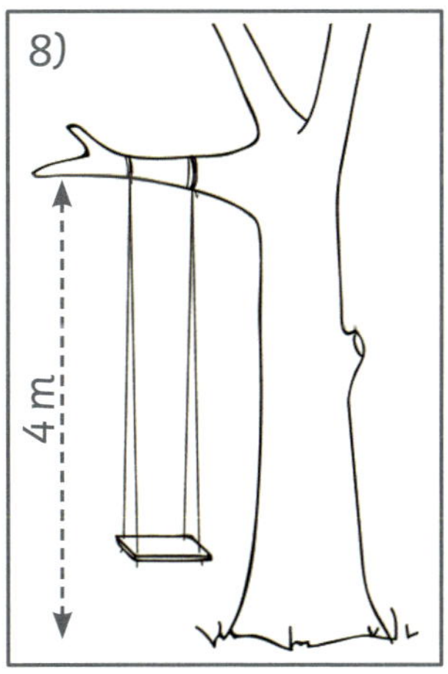

9 Fragen und Schätzen
Ein Gartenteich wird mit einem Schlauch innerhalb von 1 Stunde und 25 Minuten gefüllt. Eva möchte wissen, wie viel Wasser insgesamt in den Teich gelaufen ist. Sie fängt dazu das Wasser aus dem Schlauch in einem Haushaltseimer auf. Er wird in einer halben Minute voll. Wie viele Liter Wasser sind etwa im Teich? Schätze und rechne.

■ Denkaufgaben in Gruppenarbeit durch systematisches Probieren lösen. **V**, **VI** Aufgaben aus alten Rechenbüchern.
→ Arbeitsheft, Seite 43 → Probieren und Kombinieren 4, Seite 30

1 Berechne die Summe.

a)
22,95
7,38
SUMME

b)
138,90
17,88
SUMME

c)
91,95
7,28
SUMME

d)
134,18
75,73
26,08
SUMME

e)
247,47
186,42
72,05
1,12
SUMME

2

a) Guthaben auf der Handy-Karte:
am Anfang: 12,63 Euro am Ende: 9,78 Euro
Wie teuer war das Gespräch?
Roman überlegt und rechnet so:

2a) Guthaben alt 1 2, 6 3 €
Guthaben neu – 9, 7 8 €

b) Danach verschickt er 6 SMS.
Eine SMS (Short Message Service) kostet bei seiner Handy-Karte 0,13 Euro. **?**

3 Berechne die Differenz. Rechne zur Probe auch die Umkehraufgabe.

a) 167,55 – 86,67

b) 428,92 – 115,47

c) 999,22 – 18,57

d) 1 073,50 – 324,25

e) 128,79 – 69,13

f) 456,78 – 98,76

4 Monatliche Futterkosten für Haustiere. Überschlage und rechne genau.

Hund
Trockenfutter
4 Beutel.... à 5,49 €
Frischfleisch
8 Dosen.... à 0,88 €
Kauknochen
3 Stück..... à 1,25 €

Katze
Trockenfutter
1 Beutel.... à 3,39 €
Katzenfutter
8 Dosen.... à 0,76 €
Leckerbissen
4 Stück..... à 1,44 €

Hund, Trockenfutter:

David
4) Ü: 5 € · 4 = 2 0 €
5, 4 9 € = 5 4 9 ct
5 4 9 · 4
2 1 9 6
2 1 9 6 ct = 2 1, 9 6 €

Hoa
4) Ü: 5 · 4 = 2 0

Ali
4) Ü: 6 € · 4 = 2 4 €
5, 4 9 € · 4 =
5, 4 9 · 4
2 1, 9 6

5 Ordne der Größe nach.
8,31 €; 38,10 €; 0,83 €; 18,30 €; 108,03 €.

5) 1 0 8, 0 3 € >

Schriftliche Rechenverfahren sinngemäß auf Kommazahlen übertragen. Evtl. Stellentafel zu Hilfe nehmen.

Was machen die Menschen auf dem Bild? Erzähle.

6 a) Schreibe Preislisten für Waffeln und Obstkuchen.

b) Ein Vater hat für die Kinder Waffeln und Obstkuchen gekauft. Er hat 9,00 Euro bezahlt. Wie viele Waffeln und wie viele Stücke Obstkuchen können es sein?

6a) Waffeln / Obstkuchen

Waffeln: Anzahl	Waffeln: Preis	Obstkuchen: Anzahl	Obstkuchen: Preis
1	1,20 €	1	1,80 €
2	2,40 €	2	3,60 €
3		3	

c) Weitere Personen haben nacheinander Gebäck gekauft.
Sie haben bezahlt:
1. Person 3,60 Euro; 2. Person 7,20 Euro; 3. Person 6,00 Euro; 4. Person 4,80 Euro;
5. Person 10,80 Euro; 6. Person 8,40 Euro; 7. Person 5,40 Euro; 8. Person 12,00 Euro.
Was können sie gekauft haben?

Forschen und Finden

7 a) Schreibe Preislisten für Wasser, Tee und Kakao.

b) Eine Mutter hat für die Kinder und Erwachsenen Getränke gekauft und genau 10 Euro bezahlt. Was kann sie gekauft haben?

c) Welche der folgenden Beträge sind möglich? 2,00 €; 2,10 €; 2,20 €; 2,30 €; ...; 2,90 €; 3,00 €

d) Welche der folgenden Beträge sind möglich? 5,00 €; 5,10 €; 5,20 €; 5,30 €; ...; 5,90 €; 6,00 €

6 Tabelle zur Lösung von Sachaufgaben nutzen. **7** c und d) Mit den Preislisten für Wasser, Tee und Kakao mögliche Einkaufsbeträge ermitteln. → Arbeitsheft, Seiten 44, 45

In vielen Supermärkten ist in der Obst- und Gemüseabteilung Selbstbedienung.
Jede Obst- und Gemüsesorte hat eine eigene Kennzahl. Wenn man die Ware auf die Waage legt und die Kennzahl drückt, wird ein Preisaufkleber ausgedruckt.
Das Gewicht wird in Kommaschreibweise angegeben:
1 kg 68 g ist 1,068 kg.

10 kg	1 kg	100 g	10 g	1 g
	1	0	6	8

1 a) Wie viel Euro kostet 1 kg Fleischtomaten?
b) Wie viel Euro kosten die Fleischtomaten?
c) Wann wurde die Ware verpackt?
d) Wie viele kg wiegen die eingekauften Tomaten?

2 Beantworte ebenso.

a) **TRAUBEN**
verpackt am: 10.03.
€/kg 5,98 Nettogewicht 0,506 kg
PREIS 3,03 EURO
4 260058 320031

b) **GRÜNE ÄPFEL**
verpackt am: 18.03
€/kg 1,99 Nettogewicht 0,574 kg
PREIS 1,14 EURO
4 260058 320031

c) **MANDARINEN**
verpackt am: 29.04.
€/kg 1,99 Nettogewicht 1,046 kg
PREIS 2,08 EURO
4 260058 320031

3 a) Wie viel Euro kosten jeweils 500 g jeder Apfelsorte?
b) Wie viel Euro kosten jeweils 2 kg jeder Apfelsorte?

Äpfel	€ je kg
Golden Delicious	1,80
Red Delisious	2,00
Granny Smith	2,20
Boskop	2,70
Gloster	1,60
James Grieve	1,90

4 Maria kauft 4 Äpfel.
Sie wiegen 674 g und kosten 1,28 €.
a) Wie viel Gramm wiegt ungefähr 1 Apfel?
b) Wie viel Cent kostet ungefähr 1 Apfel?

5 Überlege mithilfe der Stellentafel die richtige Kommaschreibweise.

a) 1 017 g
2 150 g
1 429 g

5a)	10 kg	1 kg	100 g	10 g	1 g	
		1	0	1	7	1,017 kg

b) 1 kg 20 g
15 kg 107 g
307 g

c) $\frac{1}{2}$ kg
$\frac{1}{4}$ kg

■ Kommaschreibweise bei kg und g verwenden, dabei Stellentafel nutzen.

6 Vergleiche Original und Nachfüllpackung. Wie viel Geld kann man sparen?

a) Reiniger

1,89 € | 0,99 €

b) Seife

1,99 € | 1,49 €

c) Duschgel

2,29 € | 1,79 €

7 Vergleiche.

a)

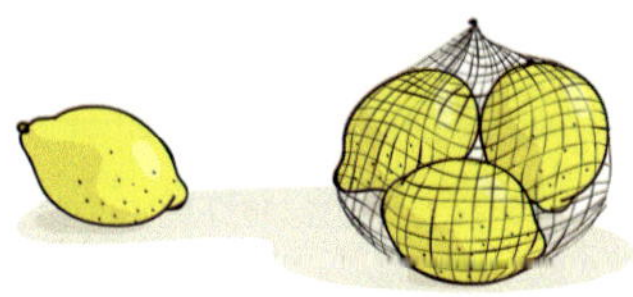

0,39 € | 0,99 €

7a)
3 Zitronen 3 · 0,39 € = 1,17 €
3 Zitronen im Netz = 0,99 €

Ersparnis:

b)

0,29 € | 1,49 €

8 Vergleiche die Angebote.

a)

1000 g 0,99 €

500 g 0,69 €

8a)
500 g + 500 g
0,69 € + 0,69 € = 1,38 €
1000 g = 0,99 €

Ersparnis:

b)

1000 g 2,19 €

500 g 1,99 €

c)

1,5 l 1,59 €

0,5 l 0,99 €

d)

750 ml 3,29 €

375 ml 1,99 €

e) Überlege:
Gibt es dennoch Gründe, kleinere Packungen zu kaufen?

9 In vielen Lebensmitteln versteckt sich Zucker.
Zu viel Zucker ist ungesund.

	Menge	Zuckergehalt
1 große Tüte Gummibärchen	250 g	153 g
1 große Tüte Lakritze	200 g	117 g
1 Päckchen Kaugummi	35 g	27 g
1 Schokoriegel	28 g	8 g
1 Müsli-Riegel	40 g	24 g
1 Portion Nussaufstrich	20 g	12 g
1 kleine Flasche Orangen-Limo	0,3 l	40 g
1 kleine Flasche Cola	0,3 l	37 g
1 Portion Ketchup	40 ml	8 g
1 Waffel	80 g	6 g

1 Stück Würfelzucker wiegt 3 g. Wie viele Stücke Würfelzucker sind jeweils versteckt?

9) Gummibärchen: 153 : 3 = 51 In der Tüte sind 51 Stück Zucker versteckt.

1 **Wie rechnet ihr 4 · 0,49 €?**

1 Heft kostet 0,49 €. Wie viel kosten 4 Hefte?

Sinem:

1 Heft kostet 0,49 €
4 Hefte kosten 4 · 0,49 €

NR:
0,4 9 · 4
1,9 6

4 Hefte kosten 1,96 Euro.

Franz:

0,4 9 €	0,4 9 €	0,4 9 €	0,4 9 €
? Euro			

0,4 9 € + 0,4 9 € = 0,9 8 €
0,9 8 € + 0,9 8 € = 1,9 6 €

4 Hefte kosten 1,96 €.

Julia:

0,49 € 0,49 €
0,49 € 0,49 €

NR:
4 · 5 0 ct = 2 €

4 Hefte kosten 4 ct weniger, also 1,96 €.

Wie rechnen die Kinder? Wie rechnest du?
Vergleicht mit euren Lösungen.

2 Wie viel Euro kosten 3 Hefte, 5 Hefte, 6 Hefte?

3 a) 1 Pinsel kostet 0,59 Euro.
Wie viel Euro kosten 2, 4, 5, 10 Pinsel?

b) 1 Bleistift kostet 0,65 Euro.
Wie viel Euro kosten 3, 4, 6, 10 Bleistifte?

c) 1 Spitzer kostet 1,39 Euro.
Wie viel Euro kosten 4, 6, 8, 10 Spitzer?

d) 1 Zeichenblock kostet 1,99 Euro.
Wie viel Euro kosten 2, 3, 7, 10 Zeichenblöcke?

4 Übertrage den Kassenzettel in dein Heft und vervollständige. Überschlage zur Kontrolle.

Schreibwaren **Graffito**

Anzahl	Artikel	Einzel-preis	Gesamt-preis
4	Hefte	0,49	
2	Zeichenblöcke	1,99	
3	Pinsel	0,59	
5	Bleistifte	0,65	
3	Spitzer	1,39	
Verkäufer 00 1808-92		TOTAL	Euro

Bei Irrtum und Umtausch bitte diesen Kassenbon vorlegen.

4) Ü:
2 €
4 €
2 €
3 €
+ 4 €
€

5 Wie viel Geld sparst du bei folgenden Angeboten?

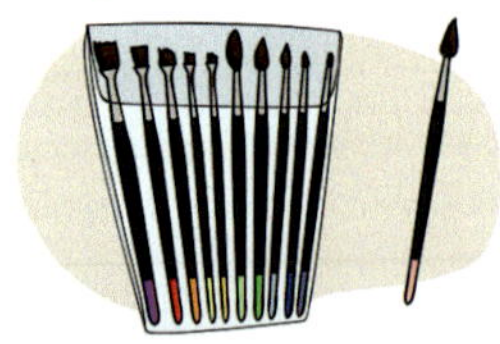

1 Pinsel 0,59 €
10 Pinsel 4,50 €
in verschiedenen Stärken

1 Wachsmalstift 0,69 €
10 Wachsmalstifte 5,48 €

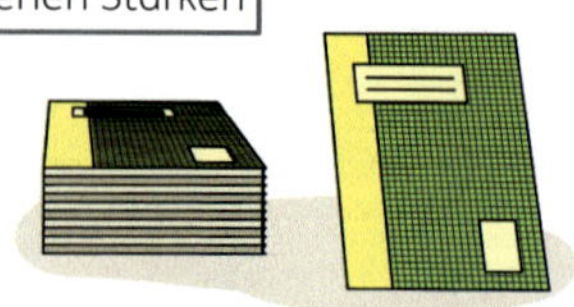

1 Heft 0,49 €
10 Hefte 4,48 €

6 Schriftlich oder nicht? Überlege bei jeder Aufgabe.

a)	b)	c)	d)
1 221 + 2 112	35 709 + 22 000	702 – 698	95 703 – 28 997
4 807 + 1 003	51 976 + 19 134	2 841 – 1 978	36 004 – 29 999
7 948 + 8 068	82 000 + 35 000	5 000 – 1 005	71 000 – 40 500
5 362 + 3 417	12 345 + 54 321	1 602 – 1 599	54 321 – 12 345

1 Lösungswege besprechen (Mathekonferenz). **2–5** Ergebnisse mit Überschlägen überprüfen. **6** Sensibilität für die sinnvolle Anwendung verschiedener Rechentypen (Kopfrechnen – halbschriftliches Rechnen – schriftliches Rechnen) wecken.

Gouda Käse aus Holland	1 kg	8,00 Euro
	100 g	0,80 Euro

Emmentaler Käse aus der Schweiz	1 kg	12,00 Euro
	100 g	1,20 Euro

Butterkäse aus Frankreich	1 kg	14,00 Euro
	100 g	1,40 Euro

Aus dem Preis für 1 kg lassen sich die Preise für andere Gewichte berechnen.

7 Berechne die Preise für Gouda.

a) 1 000 g kosten 8,00 Euro.
500 g kosten ?

7a) 1 000 g | 8,00 €
: 2
500 g | 4,00 €

b) 100 g kosten 0,80 Euro.
50 g kosten ?

c) 500 g kosten ?
250 g kosten ?

d) 100 g kosten 0,80 Euro.
300 g kosten ?

e) 10 g kosten ?
5 g kosten ?

8 Berechne die Preise für Gouda.

a) 500 g kosten 4,00 Euro.
50 g kosten 0,40 Euro.
550 g kosten ?

8a) 500 g | 4,00 €
\+ 50 g | 0,40 €
550 g |

b) 500 g kosten 4,00 Euro.
10 g kosten 0,08 Euro.
490 g kosten ?

8b) 500 g | 4,00 €
– 10 g | 0,08 €
490 g |

c) 1 000 g kosten 8,00 Euro.
500 g kosten 4,00 Euro.
1 550 g kosten ?

d) 200 g kosten 1,60 Euro.
10 g kosten 0,08 Euro.
210 g kosten ?

9 Berechne die Preise für Emmentaler und für Butterkäse. Lege die Preistabelle im Heft an.

a)

1 kg	12,00 €
500 g	
250 g	
200 g	
100 g	

b)

100 g	1,20 €
50 g	
25 g	
20 g	
10 g	

c)

1 kg	14,00 €
500 g	
250 g	
200 g	
100 g	

d)

100 g	1,40 €
50 g	
25 g	
20 g	
10 g	

10 Wie rechnest du? Überlege bei jeder Aufgabe.

a) $7 \cdot 8\,000$
$8 \cdot 700$
$7 \cdot 18\,000$
$18 \cdot 17\,000$

b) $50 \cdot 6$
$555 \cdot 60$
$505 \cdot 606$
$500 \cdot 600$

c) $6\,538 \cdot 300$
$6\,500 \cdot 3$
$6\,000 \cdot 30$
$658 \cdot 333$

d) $81\,000 : 9$
$81\,900 : 9$
$63\,714 : 7$
$6\,993 : 7$

e) $18\,660 : 6$
$16\,820 : 4$
$63\,003 : 3$
$72\,408 : 8$

7–9 Preistabelle erstellen. Aus dem Kilopreis weitere Preise für Teile, Vielfache, Summen und Differenzen von Gewichten berechnen. **10** Sensibilität für die sinnvolle Anwendung verschiedener Rechentypen (Kopfrechnen – halbschriftliches Rechnen – schriftliches Rechnen) wecken. → Arbeitsheft, Seite 47

Überschlagsrechnung

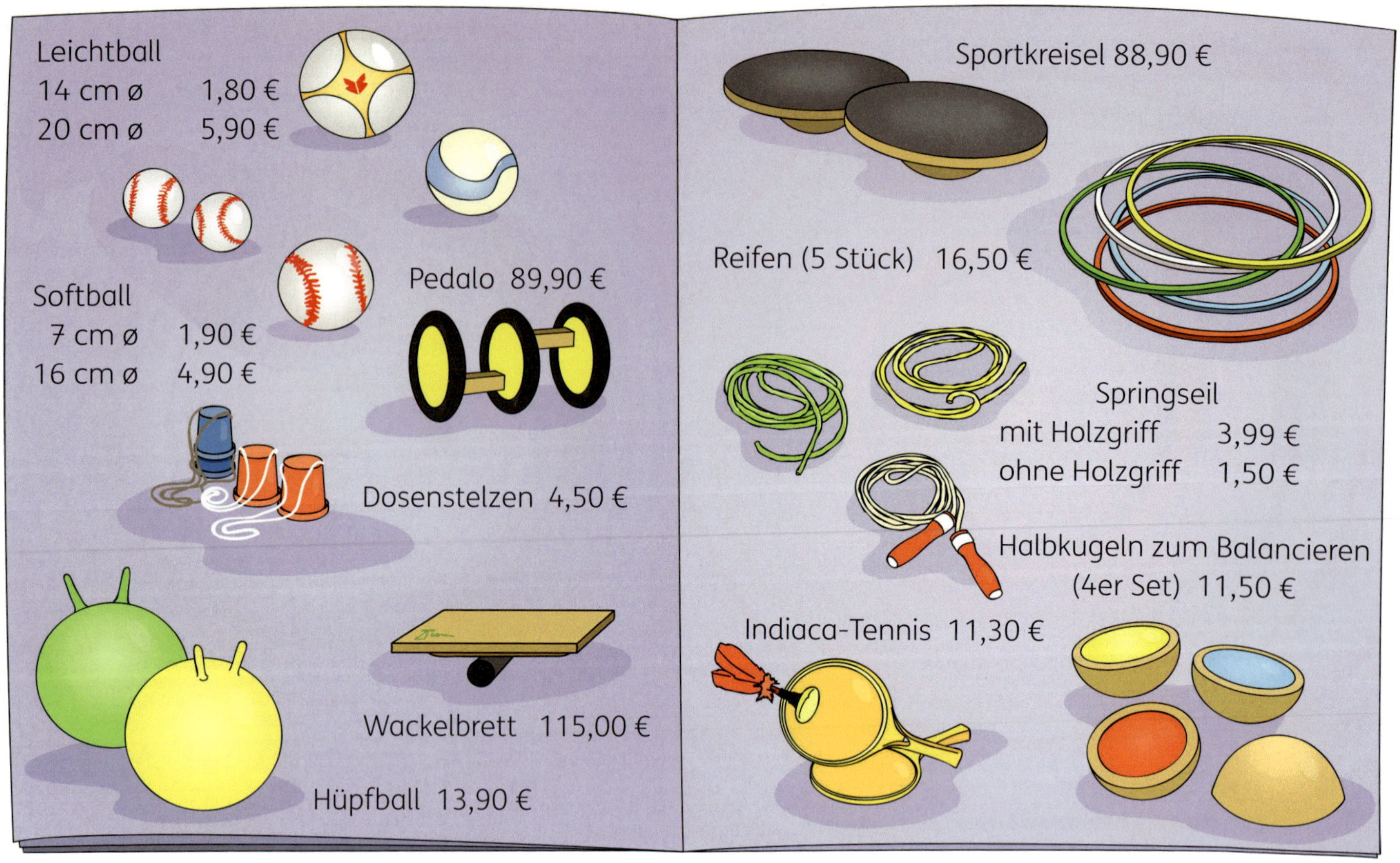

1 Was kosten die bestellten Spielgeräte ungefähr?

Bestellschein

Anzahl	Bezeichnung	Einzelpreis in Euro
3	Pedalo	89,90
10	Dosenstelzen	4,50
18	Leichtball	1,80
23	Softball	4,90
28	Springseil	3,90
7	Indiaca-Tennis	11,30

Sina

Ü:
3 · 90 € = 270 €
10 · 5 € = 50 €
20 · 2 € = 40 €
20 · 5 € =
30 · 4 € =
7 · 12 € =

gesamt:

Jonas

Ü:
3 · 90 € = 270 €
10 · 4,50 € = 45 €
18 · 2 € =
23 · 5 € =
30 · 4 € =
7 · 11 € =

gesamt:

2 Überschlage den Gesamtpreis.

a) Die Josefschule bestellt:
23 Leichtbälle 20 cm ø
28 Softbälle 7 cm ø
17 Sets Halbkugeln
30 Springseile, ohne Holzgriff
15 Indiaca-Tennis

b) Die Nordschule bestellt:
26 Dosenstelzen
15 Reifen
45 Softbälle 16 cm ø
12 Hüpfbälle
3 Sportkreisel

c) Die Ringschule bestellt:
35 Sets Halbkugeln
24 Dosenstelzen
36 Softbälle 7 cm ø
2 Wackelbretter
8 Hüpfbälle

3 Eine Schule bestellt 8 Pedalos und 35 Hüpfbälle. Wie viel Euro kostet diese Bestellung? Kontrolliere mit einem Überschlag.

■ **1–3** Verschiedene Überschläge vergleichen und besprechen. Zum Überschlagen können Anzahl und/oder Eurobeträge gerundet werden.

1 Berechne, wie viel Euro bei der Ratenzahlung jeweils mehr bezahlt werden müssen.

a)

Familienzelt
345, –
Ratenzahlung monatlich:
12 Raten à **32 Euro**

1a) Ratenpreis 3 8 4 €
– Barpreis 3 4 5 €
Mehrkosten 3 9 €

NR: 3 2 · 1 2
3 2
6 4
3 8 4

Für das Zelt müssen bei Ratenzahlung 39 € mehr bezahlt werden.

b)

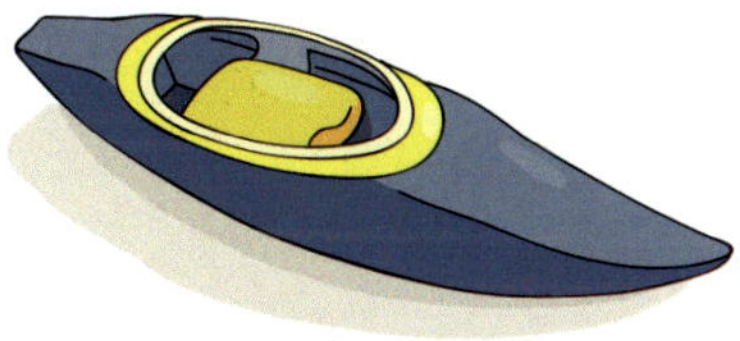

Surfkajak
549, –
Ratenzahlung monatlich:
12 Raten à **51 Euro**

c)

Schlafsofa
429, –
Ratenzahlung monatlich:
18 Raten à **28 Euro**

d)

City-Bike
429, –
Ratenzahlung: 6 x **77 Euro**
oder: 12 x **39 Euro**

2 Wie teuer ist geliehenes Geld?

	Kreditsumme	Laufzeit	monatliche Rate
a)	5 000 Euro	12 Monate	451 Euro
b)	5 000 Euro	18 Monate	309 Euro
c)	5 000 Euro	24 Monate	237 Euro
d)	5 000 Euro	30 Monate	196 Euro
e)	5 000 Euro	36 Monate	167 Euro
f)	5 000 Euro	42 Monate	147 Euro
g)	5 000 Euro	48 Monate	132 Euro

2a) Kredit: 5 0 0 0 Euro
zurückzuzahlen: 5 4 1 2 Euro
Zinsen: 4 1 2 Euro

NR: 4 5 1 · 1 2
4 5 1
9 0 2
5 4 1 2

Was ist ein Kredit?
Bei einer Bank kann man Geld leihen. Das geliehene Geld nennt man Kredit. Man muss es in Raten an die Bank zurückbezahlen. Die Bank verlangt aber mehr Geld zurück, als sie gegeben hat. Dieses zusätzliche Geld nennt man Zinsen.
Die Banken leben also davon, dass sie Geld verleihen.
Kredite werden leider oft unüberlegt aufgenommen. Viele Menschen kommen in finanzielle Not, weil sie die Raten nicht mehr zahlen können.

3 Was sollte man sich überlegen, bevor man sich Geld leiht oder etwas auf Raten kauft? Tipps gibt es bei der Verbraucherberatung.

Schloss Neuschwanstein bei Füssen

1 Suche auf dem Grundriss und auf den Fotos jeweils den großen und den kleinen Treppenturm, den Viereckturm, den roten Torbau und den Palas. Aus ungefähr welcher Himmelsrichtung (Norden, Osten, Süden, Westen) wurden die einzelnen Fotos aufgenommen?

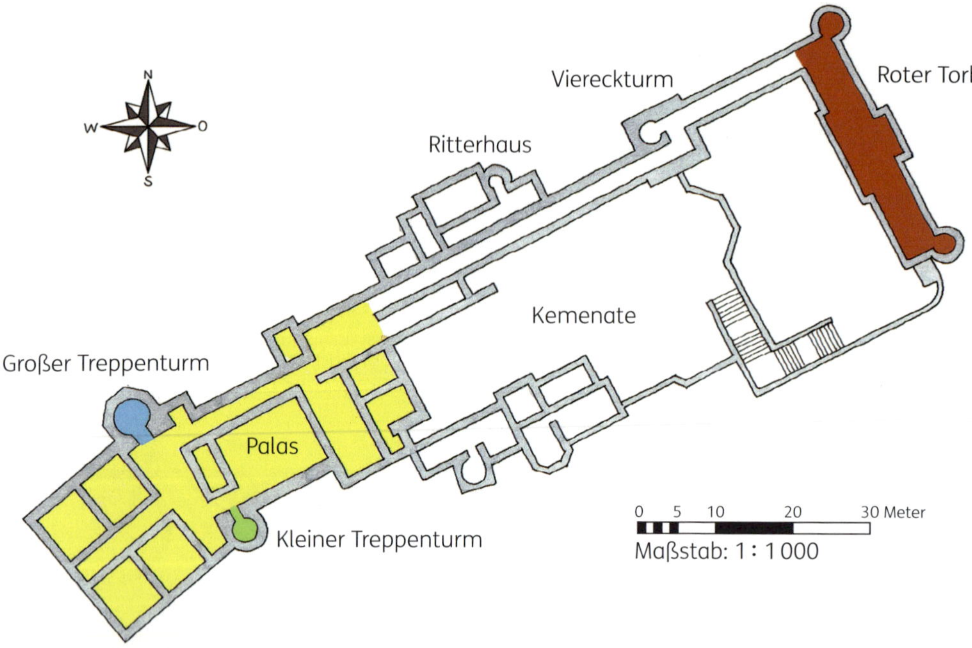

Neuschwanstein von Nordosten aus gesehen

A

B

C

D

2 Miss und berechne.

a) Wie lang ist die gesamte Schlossanlage?

b) Wie breit ist der rote Torbau? c) Wie lang ist der Palas?

3 Vergleiche den Plan des Schlosses mit dem Spielfeld auf Seite 84.

4 Schloss Neuschwanstein liegt bei Füssen in Bayern. Suche im Atlas.

■ **1** Jedes Bild der Himmelsrichtung zuordnen, aus der es aufgenommen worden ist. Dabei den Grundriss mit der Windrose zu Hilfe nehmen. **2** Maße dem Plan entnehmen. Weitere Informationen im Internet beispielsweise unter www.neuschwanstein.de. → Arbeitsheft, Seite 48

1 Wohin gelangen die Kinder? Zeige im Plan.

a) Eva geht den Weg N O O N N.

b) Leo geht den Weg O N N N N.

c) Ina geht den Weg O O S S O S.

d) Leo geht den Weg O N O N N O W S S W S W.

2 Leo geht morgens ohne Umweg zur Schule.

a) Zeige die Wege NNOO, ONON.

b) Wie kann Leo noch gehen? Schreibe alle Möglichkeiten auf.

2b) N O N O ,

c) Warum kommen in allen 6 Wegen N und O immer zweimal vor?

3 Leo möchte ohne Umwege zur Eisdiele.

a) Zeige die Wege ONNNN, NONNN.

b) Wie kann Leo noch gehen? Schreibe alle Möglichkeiten auf.

3b) N N O N N ,

c) Warum kommen in allen 5 Wegen O einmal und N viermal vor?

4 Wie kann Ina ohne Umweg zur Schule kommen? Schreibe alle vier Möglichkeiten auf. Was fällt dir auf? Begründe.

4) O S O O , O O S O ,

5 Wie kann Eva ohne Umweg zur Schule kommen? Versuche alle Möglichkeiten zu finden. Wie oft müssen die Richtungen N und O vorkommen? Begründe.

6 Finde selbst verschiedene Wege von einem Ort zu einem anderen und notiere sie.

1–6 Finden und Beschreiben verschiedener Wege mithilfe der Himmelsrichtungen.

Die 8 Lottospieler einer Tipp-Gemeinschaft haben zusammen 9 952 Euro gewonnen.
Sie teilen sich den Betrag. Wie viel Euro erhält jeder Spieler?

Halbschriftliche Division:

9 952 € : 8 = ... €   Ü: 8 000 € : 8 = ... €

```
9 952 : 8 = .....
8 000 : 8 = 1 000
1 952
1 600 : 8 =   200
  352
  320 : 8 =    40
   32
   32 : 8 =     4
    0
```

Bei der schriftlichen Division wird Stelle für Stelle gerechnet.
Schreibe die Ziffern stellengerecht untereinander.

```
T H Z E         T H Z E
9 9 5 2 : 8 =   1 2 4 4
8                 |
1 9               Quotient
1 6
  3 5
  3 2
    3 2
    3 2
      0

P: 1 2 4 4 · 8
       9 9 5 2
```

Stellenwert	Sprich	Schreibe
T	8 geht in 9 1-mal 1 · 8, Rest 1	1 8 Strich 1
H	Hole 9 herunter 8 geht in 19 2-mal 2 · 8 = 16, Rest 3	9 2 16 Strich 3
Z	Hole 5 herunter 8 geht in 35 4-mal 4 · 8 = 32, Rest 3	5 4 32 Strich 3
E	Hole 2 herunter 8 geht in 32 4-mal 4 · 8 = 32, Rest 0	2 4 32 Strich 0

1 Überschlage zuerst und dividiere dann schriftlich. Mache die Probe.

a) 735 : 5
882 : 6
1 029 : 7
1 176 : 8

```
1a) Ü: 1 0 0 0 : 5 = 2 0 0
         5 0 0 : 5 = 1 0 0

       7 3 5 : 5 = 1 4 7
       5
       2 3
       2 0
         3 5
         3 5     P: 1 4 7 · 5
           0            7 3 5

     1 0 0 < 1 4 7 < 2 0 0
```

b) 852 : 4
1 278 : 6
1 704 : 8
1 917 : 9

c) 4 134 : 6
4 734 : 6
5 334 : 6
5 934 : 6

d) 1 971 : 3
3 942 : 6
5 913 : 9
4 599 : 7

e) 462 : 7
4 662 : 6
44 440 : 5
399 996 : 4

f) 462 : 6
4 662 : 7
44 440 : 8
399 996 : 9

2 Warum müssen die Ergebnisse falsch sein? Prüfe mit einem Überschlag. Korrigiere die Ergebnisse.

a) 4 683 : 7 = 769
b) 8 181 : 9 = 99
c) 8 001 : 9 = 989
d) 4 698 : 6 = 683
e) 2 289 : 7 = 557
f) 7 032 : 8 = 979

■ Aus der halbschriftlichen die schriftliche Division im Klassengespräch entwickeln. Dabei Stellenwerte begründen.
1 Aufgaben schriftlich rechnen, vorher Ergebnisse mit Überschlag einschränken. **2** Ergebnisse mit Überschlag prüfen.

Schriftliche Division mit Nullen

Ü: 2 000 : 5 = 400

```
THZE       THZE
2035 : 5 = 407
20
 03
  0
 35
 35    P: 407 · 5
  0       2035
```

Stellenwert	Sprich	Schreibe
H	5 geht in 20 4-mal 4 · 5 = 20, Rest 0	4 20 Strich 0
Z	Hole 3 herunter 5 geht in 3 0-mal 0 · 5 = 0, Rest 3	3 0 0 Strich 3
E	Hole 5 herunter 5 geht in 35 7-mal 7 · 5 = 35, Rest 0	5 7 35 Strich 0

Achte auf die Stellenwerte.
Bei 0-mal muss im Ergebnis auch eine Null geschrieben werden.

3 Überschlage und rechne. Vergleiche die Ergebnisse. Mache die Probe.

a) 4 085 : 5; 5 085 : 5; 6 085 : 5; 7 085 : 5
b) 4 072 : 8; 3 054 : 6; 2 036 : 4; 1 527 : 3
c) 76 : 4; 836 : 4; 876 : 4; 8 076 : 4
d) 325 : 5; 5 325 : 5; 10 325 : 5; 15 325 : 5
e) 24 : 6; 198 : 6; 204 : 6; 2 004 : 6
f) 203 : 7; 2 030 : 7; 20 300 : 7; 203 000 : 7
g) 968 : 8; 9 768 : 8; 97 768 : 8; 977 768 : 8
h) 198 : 9; 1 908 : 9; 19 008 : 9; 190 008 : 9
i) 3636 1; 7 272 : 2; 14 544 : 4; 29 088 : 8
j) 29 088 : 2; 29 088 : 3; 29 088 : 4; 29 088 : 6
k) 12 048 : 4; 15 060 : 5; 18 072 : 6; 21 084 : 7
l) 54 654 : 6; 63 763 : 7; 72 872 : 8; 81 981 : 9

4 a) Welches Gewicht ist in diesem Aufzug aus Sicherheitsgründen für eine Person durchschnittlich vorgesehen?

b) Berechne ebenso das durchschnittliche Gewicht.

Fahrzeug	Tragfähigkeit	Personenzahl
Personenaufzug	450 kg	6
Personenaufzug	640 kg	8
Personenaufzug	900 kg	12
Seilbahn	574 kg	7
Seilbahn	924 kg	11
Pkw	490 kg	5
Kleinbus	972 kg	9
Reisebus	3 330kg	30
Stadtbus	3 850 kg	50
Segelflugzeug	216 kg	2

Schriftliche Division mit Nullen im Klassengespräch erarbeiten. Mit einem Überschlag vor dem genauen Rechnen können Fehler vermieden werden. **2** Sachstrukturierte Übung der Division.
→ Arbeitsheft, Seite 49

Übungen

1 Rechne und vergleiche.

a)
1 306 : 2
1 959 : 3
2 612 : 4

b)
3 265 : 5
3 918 : 6
4 571 : 7

c)
5 224 : 8
5 877 : 9
6 530 : 10

d)
6 530 : 2
6 530 : 5
5 877 : 3

e)
5 224 : 2
5 224 : 4
3 918 : 2

f)
3 918 : 3
2 612 : 2
10 448 : 8

Zur Kontrolle kannst du die Malreihe der Zahl 653 nutzen.

653 · 1	653 · 2	653 · 3	653 · 4	653 · 5	653 · 6	653 · 7	653 · 8	653 · 9	653 · 10
653	1 306	1 959	2 612	3 265	3 918	4 571	5 224	5 877	6 530

2 Rechne und vergleiche ebenso.

a)
1 458 : 2
2 187 : 3
2 916 : 4

b)
3 645 : 5
4 374 : 6
5 103 : 7

c)
5 832 : 8
6 561 : 9
7 290 : 10

d)
7 290 : 2
7 290 : 5
6 561 : 3

e)
5 832 : 2
5 832 : 4
4 374 : 2

f)
4 374 : 3
2 916 : 2
11 664 : 8

Zur Kontrolle kannst du die Malreihe der Zahl 729 nutzen.

729 · 1	729 · 2	729 · 3	729 · 4	729 · 5	729 · 6	729 · 7	729 · 8	729 · 9	729 · 10
729	1 458	2 187	2 916	3 645	4 374	5 103	5 832	6 561	7 290

3

a)
7 560 : 1
7 560 : 2
7 560 : 3
7 560 : 4
7 560 : 5

b)
7 560 : 6
7 560 : 7
7 560 : 8
7 560 : 9
7 560 : 10

c)
3 780 : 4
3 780 : 3
2 520 : 3
1 890 : 2
1 260 : 3

d)
10 890 : 10
9 801 : 9
8 712 : 8
7 623 : 7
6 534 : 6

e)
5 445 : 5
4 356 : 4
3 267 : 3
2 178 : 2
1 089 : 1

4 Gegeben ist die Zahlenfolge:
1, 2, 4, 8, 16, 32, 64, 128, 256, 512, 1 024, 2 048, 4 096, 8 192, 16 384, ...
Wähle aus dieser Zahlenfolge eine Zahl größer als 1 000 und dividiere durch 2, durch 4 und durch 8.
Vergleiche mit den anderen Zahlen der Folge. Was fällt dir auf?
Beispiel: 4 096

4) 4 0 9 6 : 2 = 2 0 4 8
4 0 9 6 : 4 =
4 0 9 6 : 8 =

5 Die folgenden Zahlen haben die Quersumme 3:
1 002, 1 011, 1 020, 1 101, 1 110, 1 200, 2 001, 2 010, 2 100, 3 000.

a) Überzeuge dich davon, dass alle Zahlen ohne Rest durch 3 teilbar sind.
b) Addiere immer zwei oder mehr Zahlen und dividiere wieder durch 3.
Vergleiche die Ergebnisse.

5b) 3 0 0 0 + 2 0 0 1 = 5 0 0 1
5 0 0 1 : 3 =

c) Subtrahiere immer zwei Zahlen und dividiere ebenfalls durch 3.
Vergleiche die Ergebnisse.

5c) 3 0 0 0 − 1 1 0 1 = 1 8 9 9
1 8 9 9 : 3 =

■ **1, 2** In den Ergebnissen Muster erkennen und mit den Ergebnissen der Malreihen begründen.
→ Arbeitsheft, Seite 50

1 Überschlage, rechne und mache die Probe.

a) 3 703 : 3
7 037 : 3
10 369 : 3

1a) Ü: 3 600 : 3 = 1 200
3 900 : 3 = 1 300

3 703 : 3 = 1 234
3
07
6
10
9
13
12
1

1 234 · 3
3 702

3 702 + 1 = 3 703

b) 6 172 : 5
11 728 : 5
17 284 : 5

c) 18 269 : 4
13 826 : 4
9 383 : 4

d) 25 928 : 6
8 641 : 7
18 764 : 8

e) 27 157 : 4
28 392 : 5
27 405 : 6

f) 9 268 : 7
10 592 : 8
11 916 : 9

2

a)	b)	c)
120 : 2	121 : 2	119 : 2
120 : 3	121 : 3	119 : 3
120 : 4	121 : 4	119 : 4
120 : 5	121 : 5	119 : 5
120 : 6	121 : 6	119 : 6

3 Dividiere ebenso durch 2 (3, 4, 5, 6).
a) 720 b) 721 c) 719

4 Dividiere durch 1 (2, 3, ..., 9, 10).
a) 2 520 b) 2 521 c) 2 519

5 a) Welche Zahlen von 1 bis 50 sind Vielfache von 5?
b) Welche haben durch 5 dividiert den Rest 1?

6 a) Welche Zahlen teilen 60 ohne Rest?
b) Welche Zahlen teilen 100 ohne Rest?

c) Welche Zahlen teilen 144 ohne Rest?

7

200 202 204 206 208 210 212 214 216 218

201 203 205 207 209 213 215 217

a) Versuche diese Zahlen ohne Rest durch 2 oder 3 oder 4 ... zu teilen. Finde für jede Zahl eine Divisionsaufgabe ohne Rest.

7a) 200 : 2 = 100
200 ist durch 2 teilbar.

209 : 11 = 19
209 ist durch 11 teilbar.

! Zahlen größer 1, die nur durch sich selbst und durch 1 ohne Rest teilbar sind, nennt man Primzahlen.

Die fehlende Zahl 211 ist durch keine der Zahlen 2, 3, 4, 5, ... ohne Rest zu teilen, außer durch sich selbst. Die Zahl 211 ist also eine Primzahl.

b) Wie kann man erkennen, ob eine Zahl durch 2 (5, 10) teilbar ist? Beschreibe.

8 Was passiert mit dem Rest?
a) 8 Kinder kaufen gemeinsam ein Geburtstagsgeschenk für 36 Euro. ?
b) 2 130 Autos sollen verladen werden. 8 Autos passen auf einen Transporter. ?
c) Eine Wurstfabrik verteilt 1 500 Luftballons für das Stadtfest an die 7 Schulen eines Ortes. ?

Schreibweise für die schriftliche Division mit Rest besprechen und Kontrolle des Ergebnisses durch Überschlag. **1–4** Divisionen mit und ohne Rest durchführen. **5–7** Teile, Vielfache, Primzahlen.
→ Arbeitsheft, Seite 51 → Probieren und Kombinieren 4, Seiten 22, 23

1 8 Familien kaufen ein Klettergerüst für den gemeinsamen Garten.
Sie bezahlen zusammen 414,40 Euro.
Wie viel Euro muss jede Familie bezahlen?
Überschlage zuerst.

414,40 € : 8

Erklärt folgende Rechnung:

```
1) Ü: 400 € : 8 = 50 €

      414,40 € = 41 440 ct

      41 440 : 8 = 5 180
      40
       14          5 180 ct = 51,80 €
        8
        64            P: 5 180 · 8
        64                41 440
         00

 Jede Familie muss 51,80 € bezahlen.
```

2 3 Familien bezahlen für eine Schaukel 1 318,50 Euro. Wie viel Euro muss jede Familie bezahlen?

3 Überschlage. Verwandle und dividiere. Mache die Probe.

a)	b)	c)	d)	e)
20,88 € : 6	897,00 € : 3	125,60 m : 2	275,60 kg : 4	34,40 l : 2
38,36 € : 7	897,00 € : 6	188,40 m : 3	315,20 kg : 4	68,80 l : 4
59,84 € : 8	747,50 € : 5	251,20 m : 4	354,80 kg : 4	101,60 l : 8
85,32 € : 9	598,00 € : 4	314,00 m : 5	394,40 kg : 4	38,10 l : 3
7,40 € : 5	598,00 € : 2	622,16 m : 7	434,00 kg : 4	76,20 l : 6

4 a) Igor bezahlt für 4 Liter Milch 2,72 Euro. **?**

b) Für 7 Roggenbrötchen berechnet die Bäckerin 2,66 Euro. **?**

c) Im Sonderangebot kosten 5 Tafeln Schokolade 3,40 Euro.
Der Einzelpreis einer Tafel ist 0,75 Euro. **?**

d) Im Kasten erhält man 6 Flaschen Orangensaft für 3,78 Euro. **?**

e) Eine Schnur von 25 m Länge soll zu einem Quadrat gespannt werden.
Zeichne eine Skizze und berechne die Seitenlänge des Quadrates.

f) Ein Balken von 5 m Länge wird in 4 gleiche Teile zersägt.
Bei jedem Schnitt gehen 4 mm Holz verloren. Wie lang sind die Teile ungefähr?

g) Ein sparsames Auto verbraucht auf 100 km durchschnittlich 4 Liter Benzin.
Wie weit fährt es mit einer Tankfüllung von 50 Litern?

■ Schriftliche Division auf Kommazahlen übertragen. Dabei Euro in Cent verwandeln. → Arbeitsheft, Seite 52

1 Wenn man die Malreihe von 12 hat, kann man Divisionsaufgaben durch 12 wie bei einstelligen Zahlen lösen. Erkläre.

1 · 12	2 · 12	3 · 12	4 · 12	5 · 12	6 · 12	7 · 12	8 · 12	9 · 12	10 · 12
12	24	36	48	60	72	84	96	108	120

```
1)  ZT T H Z E              ZT T H Z E
     1 8 8 0 4 : 1 2 =       1 5 6 7
     1 2
       6 8
       6 0
         8 0
         7 2
           8 4
           8 4
             0

   P: 1 5 6 7 · 1 2
            1 5 6 7
              3 1 3 4
            1 8 8 0 4
```

Stellenwert	Sprich	Schreibe
T	12 geht in 18 1-mal 1 · 12 = 12, Rest 6	1 12 Strich 6
H	Hole 8 herunter 12 geht in 68 5-mal 5 · 12 = 60, Rest 8	8 5 60 Strich 8
Z	Hole 0 herunter 12 geht in 80 6-mal 6 · 12 = 72, Rest 8	0 6 72 Strich 8
E	Hole 4 herunter 12 geht in 84 7-mal 7 · 12 = 84, Rest 0	4 7 84 Strich 0

2 Rechne ebenso. Mache die Probe.

a) 14 808 : 12
28 140 : 12

b) 41 472 : 12
54 804 : 12

c) 3 852 : 12
5 184 : 12

d) 6 528 : 12
3 264 : 12

e) 9 504 : 12
4 752 : 12

3 Rechne und vergleiche mit **1**.

Start 18 804 → : 3 → ...... → : 4 → Ziel ......
Start 18 804 → : 4 → ...... → : 3 → Ziel ......

Start 18 804 → : 2 → ...... → : 6 → Ziel ......
Start 18 804 → : 6 → ...... → : 2 → Ziel ......

4 Bei den Zehnerzahlen nutzt man das Zehnereinmaleins. Beispiel: 12 840 : 60.
Rechne mit der 60er-Reihe wie bei der Division durch einstellige Zahlen Stelle für Stelle.

```
4)  ZT T H Z E              ZT T H Z E
     1 2 8 4 0 : 6 0 =           2 1 4
     1 2 0
         8 4
         6 0
         2 4 0
         2 4 0
             0

   P: 2 1 4 · 6 0
        1 2 8 4 0
```

Stellenwert	Sprich	Schreibe
H	60 geht in 128 2-mal 2 · 60 = 120, Rest 8	2 120 Strich 8
Z	Hole 4 herunter 60 geht in 84 1-mal 1 · 60 = 60, Rest 24	4 1 60 Strich 24
E	Hole 0 herunter 60 geht in 240 4-mal 4 · 60 = 240, Rest 0	0 4 240 Strich 0

5 Rechne ebenso. Mache die Probe.

a) 14 040 : 60
20 700 : 60

b) 34 020 : 60
47 340 : 60

c) 26 640 : 60
13 320 : 60

d) 6 660 : 60
33 300 : 60

e) 53 280 : 60
23 280 : 60

■ Ausblick auf die Division durch zweistellige Zahlen am Beispiel der Division durch 12 und durch 60.
→ Arbeitsheft, Seite 53 → Probieren und Kombinieren 4, Seite 21

Manchmal mehr – manchmal weniger – Mittelwert

1 Caritasklinik St. Theresia: Geburten in einem Jahr

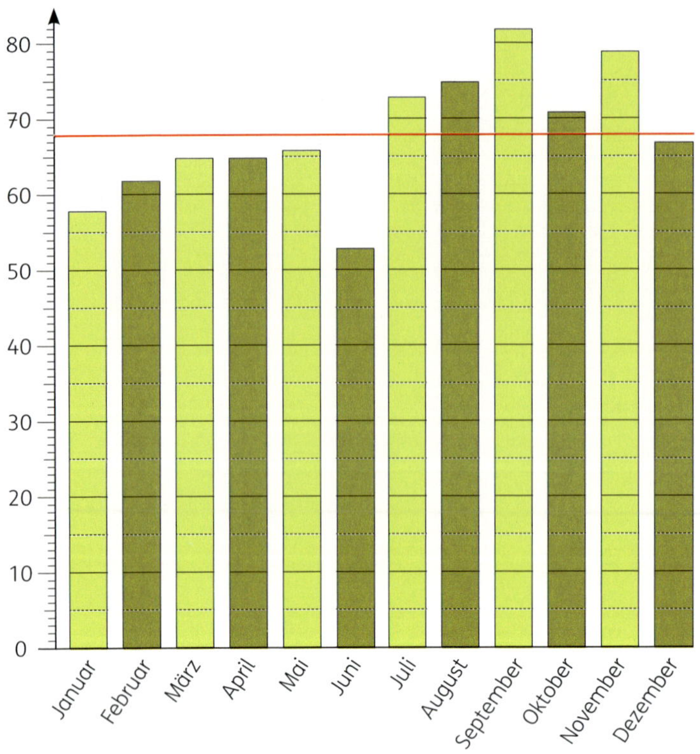

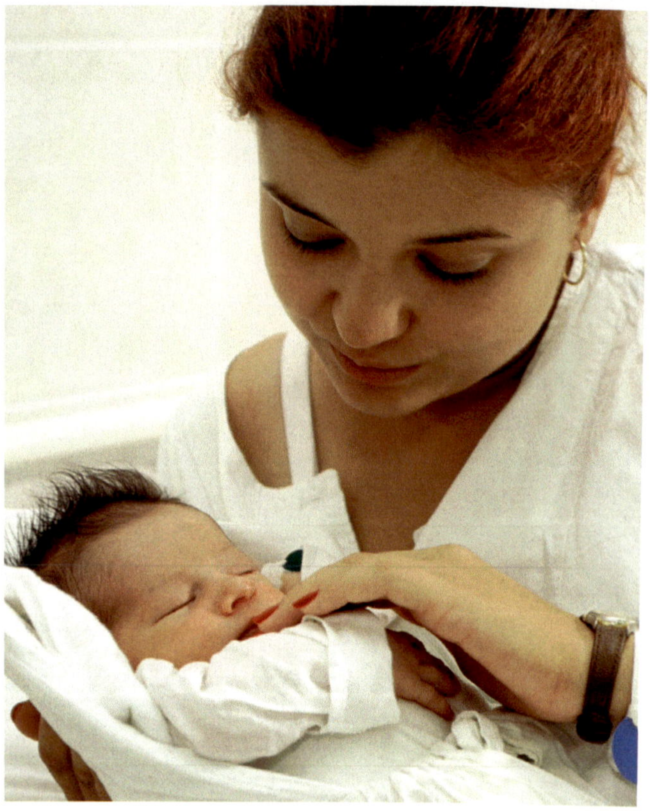

a) Im Januar wurden 58 Kinder geboren. Wie viele Kinder wurden im Mai, wie viele im Oktober geboren?

b) In welchem Monat wurden die wenigsten, in welchem die meisten Kinder geboren?

c) Wie viele Kinder wurden im ganzen Jahr geboren?

d) Die rote Linie zeigt den Mittelwert. Was bedeutet er?

e) In welchen Monaten liegt die Geburtenzahl unter, in welchen über dem Mittelwert?

f) Die Gesamtzahl der Kinder wird gleichmäßig auf die Monate verteilt:

1f)	Jan	Feb	März	April	Mai	Juni	Juli	Aug	Sept	Okt	Nov	Dez
	58	62	65	65	66	~~53~~ 67	73	75	~~82~~ 68	71	79	67

g) So berechnet man den Mittelwert schriftlich:
Man addiert die Geburtszahlen aller 12 Monate und teilt durch 12. Vergleiche.

2 Bestimmt von den Kindern eurer Klasse folgende Mittelwerte.

a) Das Alter der Kinder in Monaten.

b) Die Körpergröße in Zentimetern.

3 Wie hoch ist die Augensumme?
Werft 3 Würfel, berechnet die Augensumme und schreibt sie auf.

a) Jede Gruppe würfelt 1-mal. Vergleicht die Ergebnisse.

b) Jede Gruppe würfelt 10-mal und berechnet den ungefähren Mittelwert. Vergleicht die Mittelwerte.

c) Jede Gruppe würfelt 20-mal und berechnet den Mittelwert. Vergleicht wiederum die Mittelwerte.

d) Aysche hat bei 100 Würfen die Augensumme 1 034 errechnet. Berechne den Mittelwert.

■ **1** Interpretation des Schaubildes - ein Millimeter in der Säule entspricht einer Geburt.

1

Neuer Kanal gebaut

Dank des neuen Abwasserkanals wird es in Zukunft in der Neumarktstraße keine überfluteten Keller mehr geben. Einziger Haken an der Sache: Die Kosten von 45 000 Euro müssen auf 9 Häuser verteilt werden.

Berechne die Kosten pro Haus.

2 5 Mietparteien wollen sich die Kosten für 2 Biokomposter von je 170 Euro teilen. ?

2)

170 €			170 €	
? €	? €	? €	? €	? €

3 5 Nachbarfamilien in Reihenhäusern schaffen sich gemeinsam einen geräuscharmen Rasenmäher für 1 315 Euro an. ?

4 Nebenkosten für Mieter entstehen jährlich:

Im Haus Nr. 7 werden sie bei gleich großen Wohnungen und Familien gleichmäßig auf die 8 Mietparteien verteilt.

a) Wie viel musste die Mietpartei bezahlen?

b) Jede Partei hat monatlich 145 Euro Nebenkosten im Voraus bezahlt. Vergleiche mit der Jahresrechnung.

Haus Nr. 7	8 Mieter
Heizung	8 800 €
Wasser	1 680€
Abfall	1 500 €
Schornsteinfeger	290 €
Hausbeleuchtung	210 €
Versicherung	1 760 €

5

Wohnung zu vermieten. 3 Zi. KB, Balkon, 675,– Euro Kaltmiete und 105,– Euro NK

3 Studentinnen mieten gemeinsam diese Wohnung. ?

6 Berechne die jährlichen Nebenkosten für jede Mietpartei.

a)

Haus Nr. 4	5 Mieter
Heizung	5 700 €
Wasser	950 €
Müllabfuhr	830 €
Schornsteinfeger	150 €
Versicherung	125 €

b)

Haus Nr. 5	4 Mieter
Heizung	4 200 €
Wasser	820 €
Müllabfuhr	740 €
Versicherung	640 €
Beleuchtung	210 €

c)

Haus Nr. 9	6 Mieter
Heizung	6 300 €
Wasser	1 290 €
Müllabfuhr	1 230 €
Schornsteinfeger	270 €
Kabelanschluss	180 €

■ Sachstrukturierte Übung der Division.

Aussaat mit dem Traktor

Reife Weizenähren

Ernte mit dem Mähdrescher

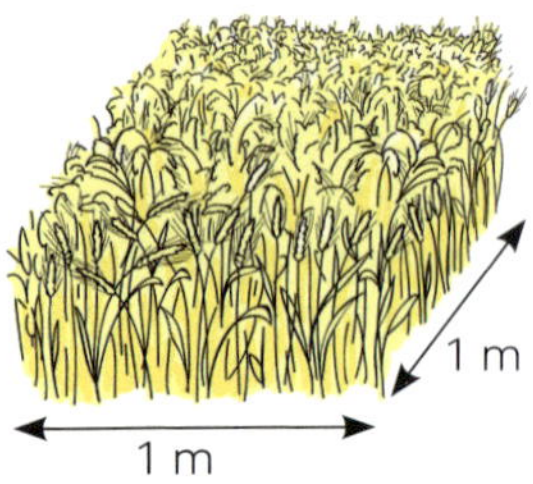

Weizen-Ertrag bei gutem Boden
Auf einem Quadrat von 1 m Seitenlänge wachsen durchschnittlich 390 Halme mit 45 Körnern pro Ähre.
1 000 Körner wiegen durchschnittlich 48 g.

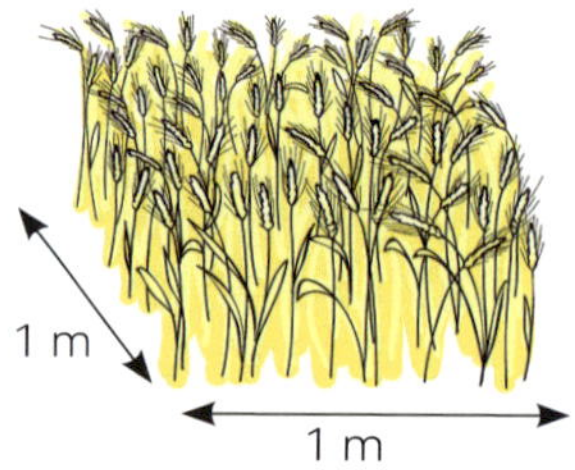

Weizen-Ertrag bei schlechtem Boden
Auf einem Quadrat von 1 m Seitenlänge wachsen durchschnittlich 360 Halme mit 35 Körnern pro Ähre.
1 000 Körner wiegen durchschnittlich 42 g.

1 Wie viele Körner werden durchschnittlich auf einem Quadrat geerntet
a) auf gutem Boden, b) auf schlechtem Boden?

2 Wie viele Gramm Weizen werden durchschnittlich auf einem Quadrat geerntet
a) auf gutem Boden, b) auf schlechtem Boden?

3 Zählt 1 000 Weizenkörner und wiegt sie.
Das Mehl aus 1 000 Körnern reicht ungefähr für ein Brötchen. ?

4 Durchschnittlicher Brotverbrauch pro Kopf und Jahr:

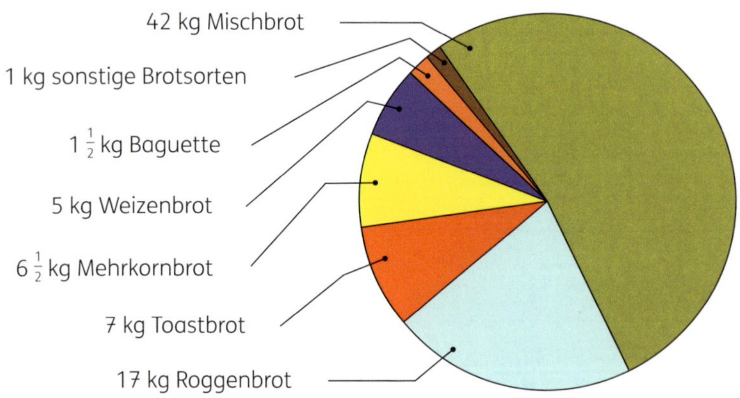

Wie viel kg Brot isst eine Person im Jahr insgesamt?

5 Immer mehr Weizen wird nicht zur Herstellung von Lebensmitteln verwendet, sondern zur Gewinnung von Energie.
Was sagst du dazu?

Weitere Informationen und aktuelle Daten im Internet suchen. Die Kinder zum Nachdenken über unsere Lebensgrundlagen anregen.

Kühe auf der Weide

Kuh an der Melkmaschine

Kuh mit neugeborenem Kalb

Milch ist ein sehr hochwertiges Lebensmittel. Sie enthält fast alle Nährstoffe, die der Mensch braucht.

1 a) Welche Milchprodukte kennst du?

b) Kannst du sie im Supermarkt finden? Wie viel kosten sie?

2 Zur Herstellung der Milchprodukte, die jede Person in Deutschland jährlich im Durchschnitt verzehrt, werden ungefähr 300 l Rohmilch von der Kuh benötigt.
Eine Kuh gibt im Jahr durchschnittlich 7 500 l Milch.

a) Wie viele Menschen ungefähr können von einer Kuh versorgt werden?

b) In Deutschland gibt es gut 4 Millionen Milchkühe.
Wie viele Menschen ungefähr können von diesen Kühen versorgt werden?

3 Fragen und Schätzen
Milch und Obst ist sehr gesund. Darum wird die Ausgabe von Schulmilch und Schulobst von der Europäischen Union gefördert.
Wie viele Kinder in eurer Schule trinken dort oder zu Hause Milch?

4 Der Betrag, den der Bauer für 1 l Milch bekommt, ist seit 20 Jahren immer mehr gesunken.
Ein Traktor, der 1980 etwa 35 000 DM gekostet hat, kostete im Jahr 2010 aber etwa 50 000 €.
Was sagst du dazu? (2 DM entsprechen ungefähr einem Euro.)

■ Die Kinder zum Nachdenken über unsere Lebensgrundlage anregen.

Waagerecht und lotrecht – senkrecht und parallel

Der Maurer prüft mit der Wasserwaage und dem Lot, ob eine Mauer genau waagerecht und lotrecht ist.

Die Kinder zeichnen an die Tafel einen lotrechten und einen waagerechten Strich.

1 Warum ist es wichtig, dass eine Mauer lotrecht und waagerecht gebaut ist?

2 Überprüft an der Tafel, dass lotrechte und waagerechte Geraden aufeinander senkrecht stehen.

3 a) Zeichne mit dem Geodreieck zuerst eine gerade Linie (1) und senkrecht dazu eine zweite gerade Linie (2).
Miss darauf 2 cm ab und zeichne senkrecht dazu eine dritte Gerade (3). Die erste und die dritte Linie sind zueinander parallel.

b) Zeichne mit dem Geodreieck weitere senkrechte Strecken zwischen den Geraden (1) und (3). Überzeuge dich, dass sie alle gleichlang sind (Abstand von parallelen Geraden).

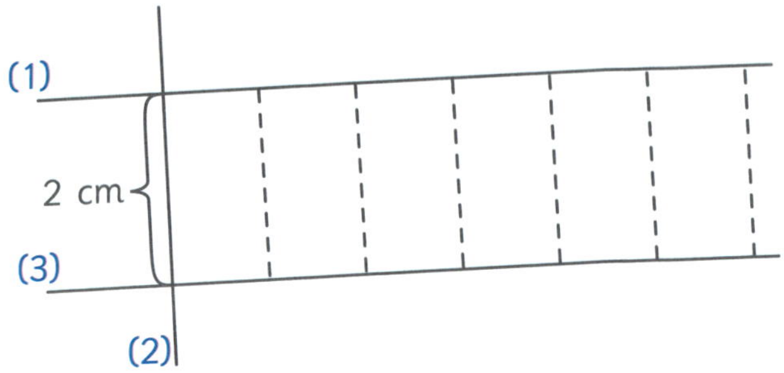

4 Zeichne ebenso parallele Geraden im Abstand von 3 cm (4 cm, 5 cm).

5 Eisenbahnschienen bilden auf gerader Strecke parallele Linien.
Wo findet ihr in eurer Umgebung parallele Linien?

6 Überlege im Kopf.

a) Wie viele Kanten hat ein Quader? Welche sind parallel?

b) Welche Vierecke haben parallele Seiten?

c) Welche Kanten stehen senkrecht aufeinander.

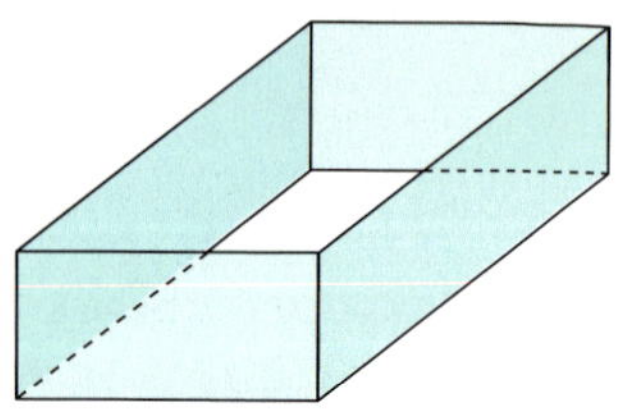

■ Handlungsorientierte Einführung der Begriffe waagerecht, lotrecht, senkrecht und parallel sowie Abstand.

! Eine gerade Linie mit Anfangs- und Endpunkt heißt Strecke.

1 Zwei Punkte kann man durch eine Strecke verbinden.
Ordne 3 (4, 5, …) Punkte ungefähr kreisförmig an.
Verbinde jeden Punkt mit jedem.
Wie viele Strecken erhältst du?
Schreibe eine Tabelle.

Anzahl der Punkte	2	3	4	…
Anzahl der Strecken	1	3	6	

! Eine gerade Linie ohne Begrenzung heißt Gerade. Sie kann beliebig verlängert werden.

2 a) Zwei Geraden, die nicht parallel sind, haben immer einen Schnittpunkt. Zeichne 2 (3, 4, …) Geraden „kreuz und quer".

b) Wie viele Schnittpunkte erhältst du? Schreibe eine Tabelle.

Anzahl der Geraden	2	3	…
Anzahl der Schnittpunkte	1	3	

3 Zeichne eine Gerade und einen etwa 3 cm entfernten Punkt. Zeichne mit spitzem Bleistift etwa 15 feine Verbindungsstrecken vom Punkt zur Geraden. Zeichne mit dem Geodreieck dort, wo die Verbindungsstrecken die Geraden schneiden, senkrecht zu jeder Strecke eine rote Linie nach unten.

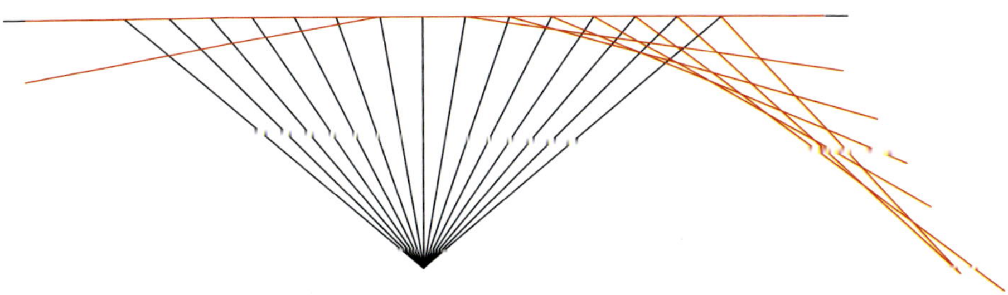

Die roten Linien begrenzen einen Bogen.

Müngstener Brücke bei Solingen

4 Wiederhole die Zeichnung von **3**
a) mit einem Punkt, der etwa 4 cm von der Geraden entfernt ist,

b) mit einem Punkt, der etwa 2 cm von der Geraden entfernt ist,

c) mit einem Punkt, der oberhalb der Geraden liegt.

Was fällt dir auf?

Gutachbrücke bei Neustadt im Schwarzwald

■ Auf saubere Zeichnungen achten. Ergebnisse besprechen und vergleichen. → Arbeitsheft, Seite 54

1 Wie heißen die gedachten Zahlen?

a) Ich denke mir eine Zahl, multipliziere sie mit 5, addiere 30, dividiere durch 6 und erhalte die Zahl 10.

b) Wenn ich von meiner Zahl 50 subtrahiere, mit 9 multipliziere und 550 addiere, so erhalte ich 1 000.

c) Wenn ich zu meiner Zahl 500 addiere, dann durch 3 dividiere und mit 5 multipliziere, so erhalte ich 2 500.

d) Ich denke mir eine Zahl, multipliziere mit 7, dividiere durch 7, multipliziere mit 4, dividiere durch 4 und erhalte die Zahl 900.

e) Wer meine Zahl zuerst dreimal hintereinander verdoppelt und dann durch 3 dividiert, der erhält 800.

f) Wer die gedachte Zahl erst verdoppelt, dann 333 addiert und zum Schluss drittelt, der erhält 1 111.

2 Findest du auch diese Zahlen?

a) Meine Zahl ist zweistellig. Wenn man die Einer- und Zehnerziffer vertauscht und dann die Zahl halbiert, so erhält man 16.

b) Meine Zahl ist ein Vielfaches von 8. Wer sie halbiert und dann 5 addiert, der erhält eine Zahl der Dreierreihe zwischen 20 und 30.

3 Wähle eine dreistellige Zahl, multipliziere sie mit 5, das Ergebnis mit 4 und das Ergebnis wieder mit 5. Rechne mehrere Beispiele. Was fällt dir auf? Begründe.

4 Erfinde eigene Zahlenrätsel und stelle sie deinem Partner oder deiner Partnerin.

■ Zahlenrätsel in Rechenketten übersetzen und lösen. Evtl. Hinweis auf Umkehraufgaben geben.
→ Arbeitsheft, Seite 55

0 1 2 3 4 5 6 7 8 9

1 Welche Zahlen passen?

a) ..... · 70 < 400

c) ..... · 30 < 250

e) ..... · 400 < 3 500

g) ..... · 80 > 300

Leon
1a) 0 · 70 = 0
1 · 70 = 70
2 · 70 = 140
3 · 70 = 210
4 · 70 = 280
5 · 70 = 350

Lösung: 0, 1, 2, 3, 4, 5

b) ..... · 60 < 400

d) ..... · 40 < 350

f) ..... · 500 > 2 900

h) ..... · 300 > 2 300

2 Welche Zahlen passen?

a) 160 < ..... · 30 < 250

b) 300 < ..... · 70 < 600

c) 100 < ..... · 90 < 850

3 Welche Zahlen passen?

a) 40 < ..... · 6 < 50
400 < ..... · 60 < 500
4 000 < ..... · 600 < 5 000
40 000 < ..... · 6 000 < 50 000

Vergleiche die Aufgaben.

b) 50 000 < ..... · 7 000 < 60 000
c) 50 000 < ..... · 9 000 < 60 000
d) 50 000 < ..... · 8 000 < 60 000
e) 20 000 < ..... · 4 000 < 30 000
f) 20 000 < ..... · 3 000 < 50 000

4 Vergleiche. < oder = oder >?

a) 4 · 800 ◯ 4 000
5 · 800 ◯ 4 000
6 · 800 ◯ 4 000
7 · 800 ◯ 4 000
8 · 800 ◯ 4 000

b) 5 000 : 5 ◯ 800
4 000 : 5 ◯ 800
3 000 : 5 ◯ 800
2 000 : 5 ◯ 800
1 000 : 5 ◯ 800

c) 10 · 100 ◯ 5 000
15 · 150 ◯ 5 000
20 · 200 ◯ 5 000
25 · 250 ◯ 5 000
30 · 300 ◯ 5 000

d) 300 · 0 ◯ 300
300 · 3 ◯ 300
300 : 3 ◯ 300
300 · 1 ◯ 300
300 : 1 ◯ 300

5 Welche Zahl kann es sein?

a) Die Zahl ist größer als 300 und kleiner als 400.
Sie ist aus der 60er-Reihe.

b) Die Zahl gehört zur 30er-Reihe und zur 50er-Reihe. Die Zahl ist größer als 200 und kleiner als 400.

c) Die Summe der Zahl und ihrer Umkehrzahl ist 888. Die Zahl ist größer als 600 und kleiner als 700.

d) Die Zahl gehört zur 60er-Reihe. Sie hat die Quersumme 9.
Sie ist größer als 400 und kleiner als 600.

e) Die Zahl ist eine ungerade Quadratzahl.
Sie ist größer als 300 und kleiner als 400.

f) Die Zahl hat zwei gleiche Ziffern. Sie ist größer als 400 und kleiner als 500.
Die Zahl lässt sich durch 10 teilen.

■ Lösungen evtl. mithilfe von Ziffernkarten (Beilage) finden. Ergebnisse besprechen. → Arbeitsheft, Seite 55
→ Probieren und Kombinieren 4, Seiten 31, 32

Brüche

1 Zerlege Kreise in zwei, drei, vier, fünf, sechs, acht und zehn gleiche Teile und schneide sie aus.

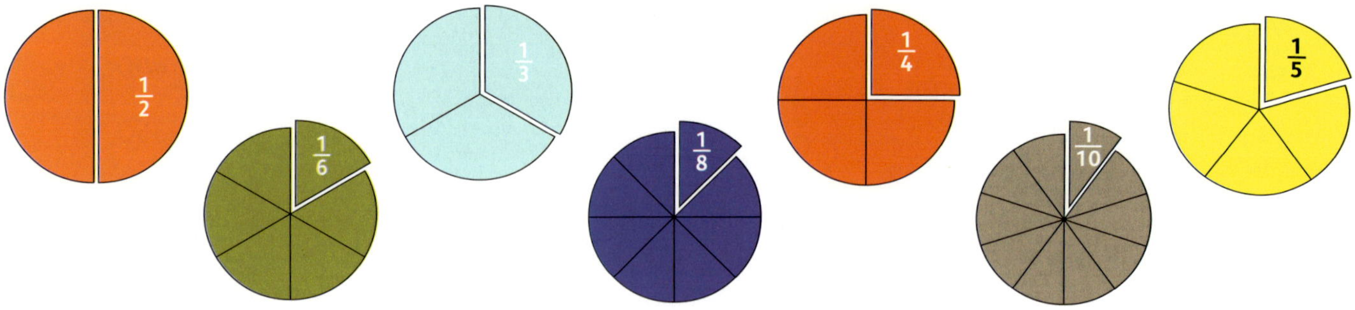

2 Setze aus verschiedenen Bruchteilen einen Kreis zusammen.
Schreibe die Brüche auf.
Finde verschiedene Möglichkeiten.

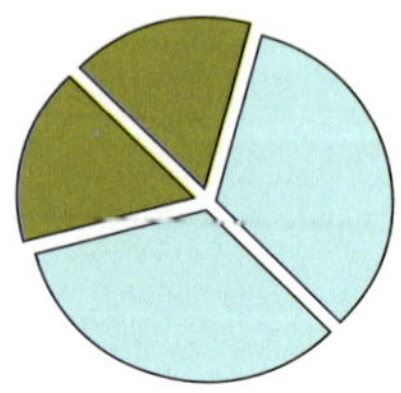

2) $\frac{1}{6} + \frac{1}{6} + \frac{1}{3} + \frac{1}{3}$

3 Setze aus verschiedenen Bruchteilen einen halben Kreis zusammen.
Schreibe die Brüche auf. Finde verschiedene Möglichkeiten.

4 Was ist gleich?

a)

30 min	$\frac{3}{4}$ h	$\frac{1}{6}$ min
60 s	$\frac{1}{4}$ min	10 s
15 s	1 min	$\frac{1}{2}$ h
45 min		

4a) 30 min = $\frac{1}{2}$ h

b)

5 cm	1 dm	$\frac{1}{10}$ m
$\frac{1}{5}$ m	500 m	20 cm
10 cm	$\frac{1}{4}$ m	$\frac{1}{2}$ km
$\frac{1}{2}$ dm	25 cm	

c)

$\frac{1}{10}$ t	100 kg
$\frac{1}{8}$ kg	500 g
$\frac{1}{2}$ kg	$\frac{1}{5}$ t
250 g	125 g
200 kg	$\frac{1}{4}$ kg

5 Wie groß ist der Anteil der einzelnen Farben?

a) 
Deutschland

b) 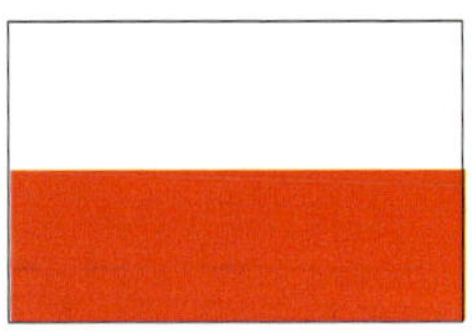
Polen

c) 
Österreich

d) 
Yin und Yang

e) 
Logo

5a) schwarz: $\frac{1}{3}$, rot: $\frac{1}{3}$, gold: $\frac{1}{3}$

6
a) Die Zahl 6 ist kleiner als 8.
Vergleiche die Brüche $\frac{1}{6}$ und $\frac{1}{8}$.
b) Welcher Bruch ist kleiner, $\frac{1}{10}$ oder $\frac{1}{100}$?
Begründe.
c) Kannst du noch kleinere Brüche finden?

7
a)
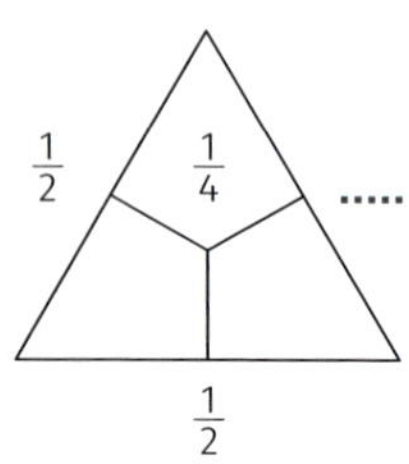

b)
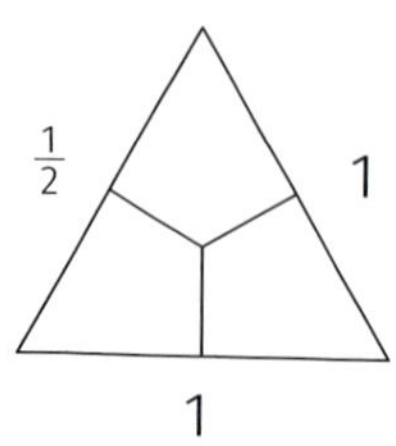

■ Brüche mithilfe der Zeichenuhr (Beilage) herstellen. Sprechweise der Brüche klären.

1 **Wie rechnet ihr a) 98 · 23 b) 36 · 47 c) 7 021 : 7 d) 2 452 : 4?**

a) 98 · 23

Mark

100 · 23 = 2 300
2 · 23 = 46

98 · 23 = 2 254

Oskar

98 · 23
196
294

2 254

b) 36 · 47

Ron

36 · 47
144
252

1 692

Charlotte

·	40	7	
30	1 200	210	1 410
6	240	42	282
			1 692

c) 7 021 : 7

Özgül

7 000 : 7 = 1 000
21 : 7 = 3

7 021 : 7 = 1 003

Jan

7 021 : 7 = 1 003
7
00
0
02
0
21
21
0

d) 2 452 : 4

Anna

2 452 : 4 = 613
24
05
4
12
12
0

Nele

2 400 : 4 = 600
40 : 4 = 10
12 : 4 = 3

2 452 : 4 = 613

Wie rechnen die Kinder? Vergleicht mit euren Rechenwegen.

2 Überlege, wie du vorteilhaft rechnen kannst.

a) 68 · 51
64 · 19

b) 1 104 · 13
147 · 101

c) 8 016 : 4
9 369 : 3

3 Finde mehr Aufgaben mit gleichem Ergebnis.

a) 16 · 40
32 · 20

b) 24 · 18
12 · 36

c) 190 : 5
380 : 10

4 Schreibe selbst Aufgaben auf, die du im Kopf rechnen kannst, und Aufgaben, die du schriftlich rechnest. Was sagt dein Partner dazu?

■ Unterschiedliche Rechenwege erklären und nach Rechenaufwand vergleichen (Mathekonferenz).
→ Arbeitsheft, Seite 56 → Probieren und Kombinieren 4, Seiten 24, 25

Drehsymmetrie

1 Vergleiche die Windräder. Wie viele Flügel haben sie? Um welchen Punkt (Drehpunkt) drehen sie sich?

2
1. Schneide aus Karton ein beliebiges Viereck.
2. Lege es auf ein Blatt Papier und markiere den Umriss.
3. Fixiere mit der Bleistiftspitze einen beliebigen Drehpunkt.
4. Überzeuge dich, dass das Viereck nach einer vollen Drehung den alten Platz einnimmt.

3 Drehsymmetrie des Quadrats.
1. Fixiere den Mittelpunkt eines Pappquadrats auf einem dicken Karton und markiere den Umriss.
2. Drehe das Quadrat um den Mittelpunkt ein Stück, bis es wieder in den Umriss passt.
   Wie oft musst du Schritt 2 durchführen, bis die rote Ecke wieder in der Ausgangslage ist?

! Eine Form, die den gleichen Platz einnimmt, wenn man sie nur ein Stück dreht, heißt drehsymmetrisch.

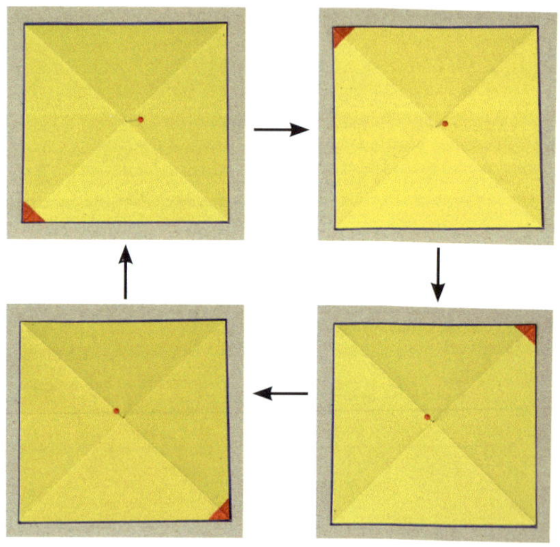

4 Drehsymmetrie von Rechteck und Parallelogramm.
Zeichne ein Rechteck und ein Parallelogramm auf Karopapier, klebe sie auf einen Karton und schneide sie aus. Verfahre damit wie in **3**.
Wie oft musst du Schritt 2 jetzt bis zur Ausgangslage durchführen?

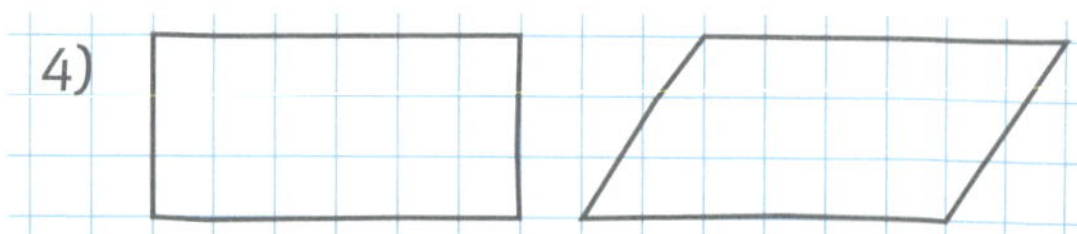

5 Finde in der Umwelt drehsymmetrische Figuren.

6 Die Figuren auf den Seiten 36 und 37 sind alle drehsymmetrisch. Prüfe nach.

7 Warum ist der Kreis eine ganz besondere drehsymmetrische Figur?

3 Mittelpunkt durch Einzeichnen der Diagonalen finden.

1 Ornamente mit dem gleichen Motiv.

a) 1 2 3 4 5 6 7

Vergleiche immer mit der ersten Blüte.
Welche Blüten sind verschoben,
welche gespiegelt, welche gedreht?

b) 1 2 3 4 5 6 7

c) 1 2 3 4 5 6 7

2 Zeichne die Ornamente ins Heft und setze fort.

a) Pferde verschoben

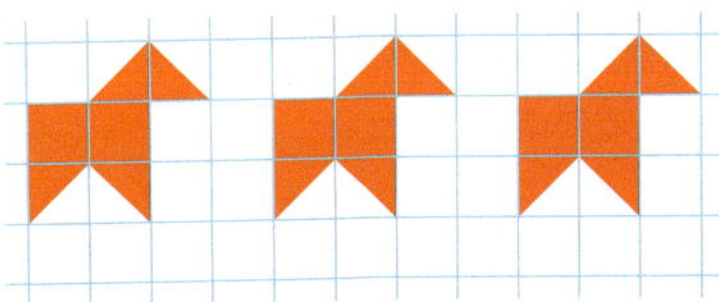

b) Pferde abwechselnd gespiegelt

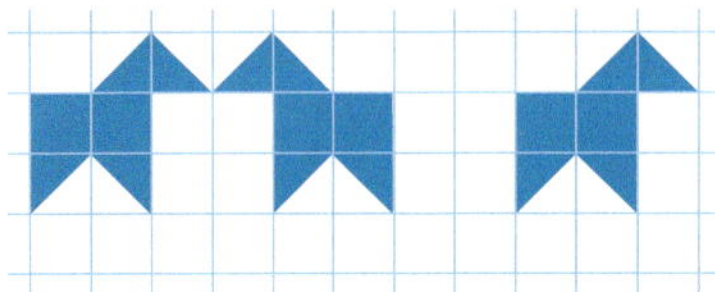

c) Pferde abwechselnd gedreht

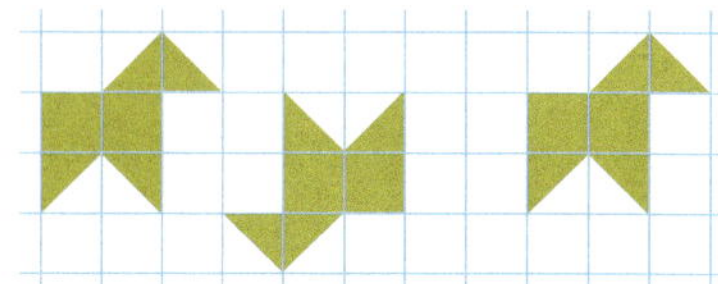

Vergleiche mit den Ornamenten von **1**.

3 Zeichne die Muster in dein Heft und setze sie fort, so weit du möchtest.

a)

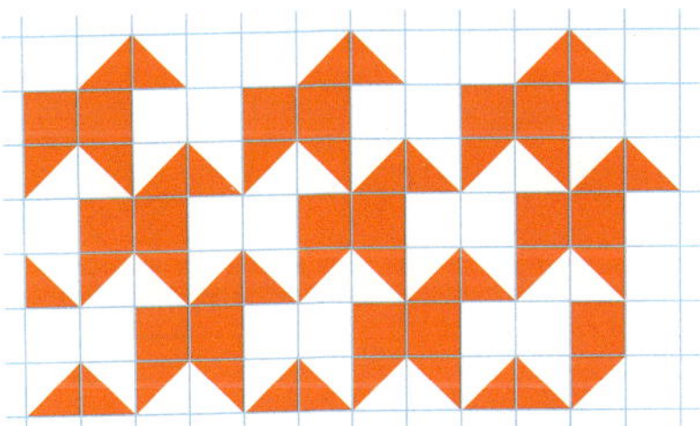

b)

c)

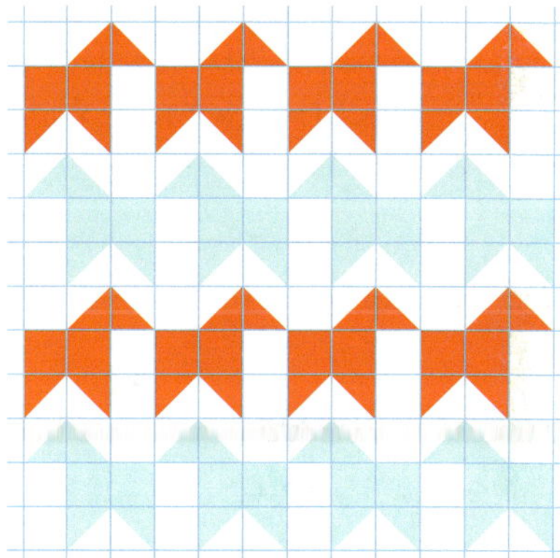

4 Erfinde selbst Ornamente und Muster, bei denen eine Figur verschoben, gespiegelt oder gedreht ist.

5 Diese Ornamente hat der niederländische Maler M. C. Escher (1898–1972) gemalt. Vergleiche das Muster mit **3**.

■ **1, 2** Verschieben, Drehen, Spiegeln an Pappmodell der Blüte und des Pferdchens verdeutlichen.
2–4 Karopapier verwenden. → Arbeitsheft, Seite 57

ANNA-Zahlen

Vierstellige Zahlen wie 3 663, 8 558, 1 001 heißen ANNA-Zahlen.

1 a) Bilde zu einer ANNA-Zahl die andere ANNA-Zahl mit den gleichen Ziffern und subtrahiere die kleinere von der größeren Zahl.
Rechne mehrere Aufgaben.
b) Welche Ergebnisse hast du gefunden?
Sammle sie und schreibe sie geordnet auf.
c) Suche zu jedem Ergebnis weitere Aufgaben.

1a)
  6 3 3 6
− 3 6 6 3
  2 6 7 3

1a)
  7 2 2 7
− 2 7 7 2

2 Multipliziere 891 mit 2, 3, 4, ... 9. Vergleiche mit **1** a). Was fällt dir auf?

3 Lege 2 332 mit Plättchen an der Stellentafel. Verschiebe Plättchen so, dass 3 223 entsteht.
Wie ändern sich die Stellenwerte? Wie viel muss 3 223 größer sein als 2 332?
Untersuche weitere Beispiele.

NANA-Zahlen

Vierstellige Zahlen wie 3 636, 8 585, 1 010 heißen NANA-Zahlen.

4 a) Bilde zu einer NANA-Zahl die andere NANA-Zahl mit den gleichen Ziffern und subtrahiere die kleinere von der größeren Zahl.
Rechne mehrere Aufgaben.
b) Welche Ergebnisse hast du gefunden?
Sammle sie und schreibe sie geordnet auf.
c) Suche zu jedem Ergebnis weitere Aufgaben.

4a)
  6 3 6 3
− 3 6 3 6
  2 7 2 7

4a)
  7 2 7 2
− 2 7 2 7

5 Multipliziere 909 mit 2, 3, 4, ... 9. Vergleiche mit **4** a). Was fällt dir auf?

6 Lege 3 232 mit Plättchen an der Stellentafel. Verschiebe Plättchen so, dass 2 323 entsteht.
Wie ändern sich die Stellenwerte? Wie viel muss 3 232 größer sein als 2 323?
Untersuche weitere Beispiele.

Gerade Zahlen, ungerade Zahlen

Gerade Zahlen lassen sich als Doppelreihe legen, ungerade Zahlen als Doppelreihe plus 1 Plättchen extra.

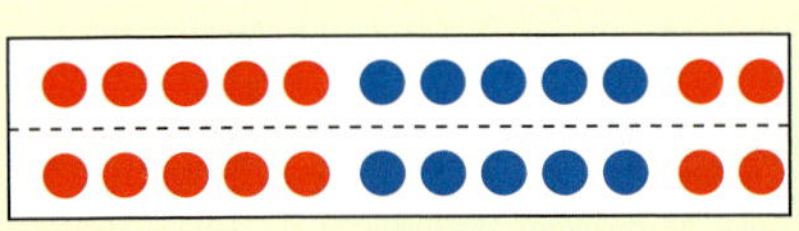
24, gerade

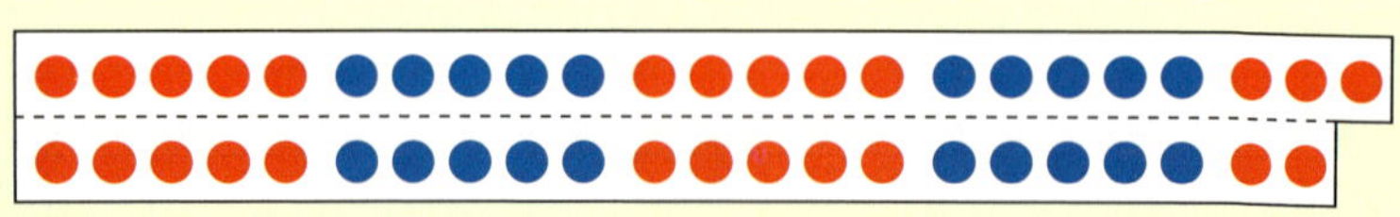
45, ungerade

7 Begründe mithilfe der Doppelreihe:
a) Die Summe zweier gerader Zahlen ist immer gerade.
b) Die Summe zweier ungerader Zahlen ist immer gerade.
c) Die Summe einer geraden und einer ungeraden Zahle ist immer ungerade.

■ Üben und Vertiefen von Subtraktion und Multiplikation. Entdecken und Begründen von Zahlenmustern.

Große Summen

1	2	3	4	5	6	7	8	9	10
11	12	13	14	15	16	17	18	19	20
21	22	23	24	25	26	27	28	28	30
31	32	33	34	35	36	37	38	39	40
41	42	43	44	45	46	47	48	49	50
51	52	53	54	55	56	57	58	59	60
61	62	63	64	65	66	67	68	69	70
71	72	73	74	75	76	77	78	79	80
81	82	83	84	85	86	87	88	89	90
91	92	93	94	95	96	97	98	99	100

8 Bestimme die Summe aller Zahlen in der Hundertertafel.

a) Berechne zuerst die Summe der Zahlen in der ersten Zeile, dann in der zweiten, dritten Zeile, usw. Was fällt dir bei den Zeilen-Summen auf? Begründe. Welche weiteren Zeilen-Summen vermutest du? Addiere am Schluss alle Zeilen-Summen.

b) Findest du noch andere Möglichkeiten, um die Summe aller hundert Zahlen zu berechnen?

9 Bestimme die Summe aller Zahlen von 1 bis 1 000.

10 Wie viele Aufgaben stehen in der Einspluseins-Tafel? Berechne die Summe aller Ergebnisse. Vergleiche.

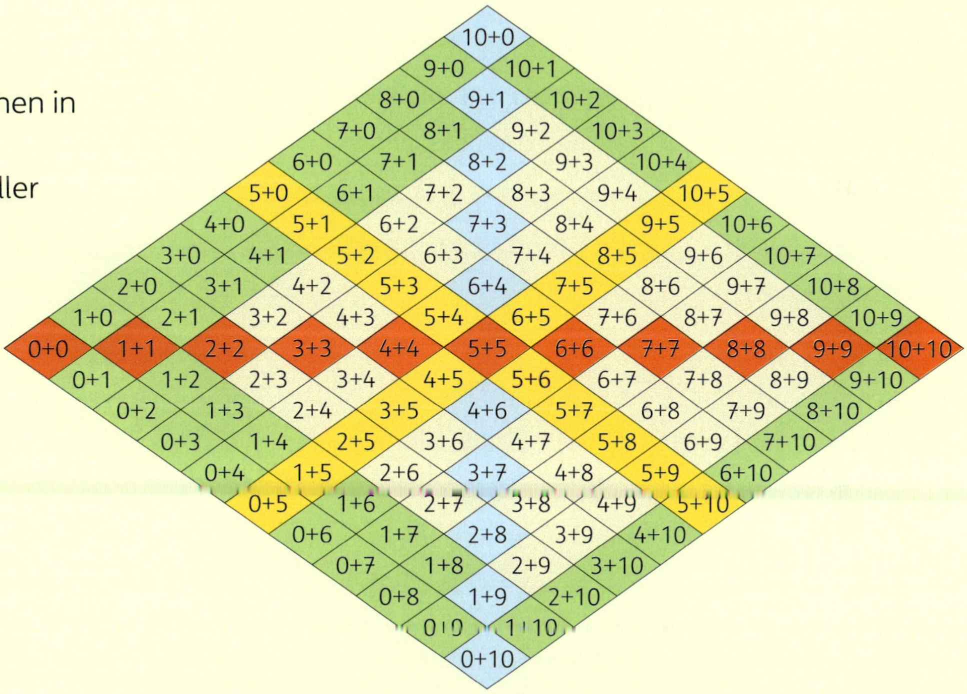

11 Die Begabung von Carl Friedrich Gauß zeigte sich bereits in der Grundschule.

Einmal stellte ihm sein Lehrer die riesige Plusaufgabe: 8 + 16 + 24 + ... + 784 + 792 + 800. Dabei müssen 100 Zahlen addiert werden, von denen jede um 8 größer ist als die vorhergehende. Der zehnjährige Gauß schaute sich die Aufgabe an und nannte das Ergebnis nach einer Minute: 40 400.

Wie hat er wohl gerechnet?

Carl Friedrich Gauß
(1777 – 1855)

Carl Friedrich Gauß gehört zu den bedeutendsten Mathematikern, die je gelebt haben. Er wurde 1777 in Braunschweig geboren.

■ **8–11** Operative Eigenschaften der Addition als Rechenvorteile nutzen. **11** Den Kindern ein Bild des größten Mathematikers aller Zeiten vermitteln. → Arbeitsheft, Seiten 58, 59
→ Probieren und Kombinieren 4, Seiten 26 – 29

Urlaub planen

Herr und Frau Schmitt überlegen mit ihren Kindern Jonas (11 Jahre) und Eva (9 Jahre), wo sie den nächsten Urlaub verbringen wollen.

1 a) Wie viel müsste Familie Schmitt für einen 14-tägigen Urlaub im sonnigen Süden bezahlen?

b) Für weitere Ausgaben (Getränke, Eintritt, Essen, …) rechnet Familie Schmitt mit 30 € pro Tag. ?

c) Berechne die Kosten für einen 3-wöchigen Urlaub.

HOTEL MARE

1 Woche im sonnigen Süden

pro Person (inklusive Flug und Halbpension)	**620 €**
1 Verlängerungswoche	**290 €**
Festpreis für Kinder bis 15 Jahre (pro Woche)	**260 €**
Pro Person berechnen wir:	
Flughafengebühr	**10 €**
Visagebühr	**15 €**

2 a) Wie viel würde Familie Schmitt für 14 Tage Urlaub in den Bergen bezahlen?

b) Für weitere Ausgaben (Getränke, Lebensmittel, Bergbahnfahrten, …) rechnet Familie Schmitt mit 30 € pro Tag. ?

c) Das Reiseziel ist 420 km entfernt. Sie fahren in einer Stunde 80 km. Wie lange dauert die Anfahrt ungefähr?

d) Das Auto verbraucht etwa 6 l auf 100 km. Wie viel muss Familie Schmitt für Benzin bezahlen, wenn ein Liter 1,70 € kostet? Überschlage.

HÜTTENGLÜCK

Gemütliches Ferienhaus mit 5 Betten, Küche und geräumigem Wohnraum

am Tag für	**60 €**
Dazu berechnen wir extra:	
Vermittlung	**50 €**
Endreinigung	**40 €**

3 a) Wie viel kostet die 7-Tage-Tour für Familie Schmitt? Wie viele Kilometer müssen pro Tag etwa zurückgelegt werden?

b) Wie viele kostet die 11-Tage-Tour für Familie Schmitt? Wie viele Kilometer müssen pro Tag etwa zurückgelegt werden?

DIE DONAU-RADWEGE

350 km entlang der Donau von Passau bis Wien

Leistungen: Fahrradverleih, Übernachtung mit Halbpension, Gepäckservice, Bahnfahrt von Wien zurück nach Passau

in 7 Tagen für	**475 €/Person**
in 11 Tagen für	**665 €/Person**

Kinder unter 12 Jahren fahren zum halben Preis.

4 Plane selbst einen Urlaub für deine Familie.

■ Die Kinder zum Nachdenken über unsere Lebensgrundlage anregen.

1 Der Eigentümer eines Einfamilienhauses bekommt 2 472 l Heizöl für 0,63 Euro pro Liter geliefert. Die gelieferte Menge Heizöl reicht für ein Jahr. Für den Schornsteinfeger müssen 67 Euro, für den Wartungsdienst 187 Euro jährlich bezahlt werden. Der Heizungsfachmann stellt fest, dass der Heizölverbrauch mit einem neuen Brenner um 600 l im Jahr gesenkt werden kann. Ein neuer Brenner kostet 937 Euro, für den Einbau werden 178 Euro fällig.

a) Wie viel Euro muss der Eigentümer für die Heizöllieferung bezahlen?
b) Wie hoch sind die durchschnittlichen Heizkosten (Heizöl, Schornsteinfegerwartung) in einem Monat?
c) Wie viel Euro kann man im Jahr mit einem neuen Brenner sparen? Lohnt sich der Einbau? Überschlage.

2

Vater tankt sein Auto voll und notiert den Kilometerstand mit 16 904 km. Bei einem Kilometerstand von 17 612 tankt er 50,4 l, bis der Tank wieder voll ist. Seine Arbeitsstelle ist 12 km von seiner Wohnung entfernt. Er arbeitet an etwa 210 Tagen im Jahr.

a) Wie viele Kilometer ist er mit der Tankfüllung von 50,4 l Benzin gefahren?
b) Wie viele Liter benötigt sein Auto auf 100 km?
c) Wie viele Kilometer fährt er im Jahr von und zur Arbeit?
d) Wie viele Liter Benzin verbraucht er dabei?
e) Wie viele Liter Benzin könnte man mit einem Auto sparen, das auf 100 km nur 5 l verbraucht?
f) Erkundige dich nach dem Literpreis und überschlage die Ersparnis in Euro.

3 Familie Helzer hat eine alte Waschmaschine, die beim Waschen mehr Wasser und Strom verbraucht als moderne Maschinen. Eine neue Maschine spart pro Waschgang 25 l Wasser und 1 Kilowattstunde Strom. Familie Helzer wäscht durchschnittlich jede Woche 4 Maschinen Wäsche.

a) Finde 3 passende Fragen und beantworte sie.
b) Erkundige dich, wie viel Euro deine Familie für 1 000 l Wasser und für eine Kilowattstunde Strom bezahlen muss.
c) Überschlage mit diesen Preisen die mögliche Ersparnis von Familie Helzer in einem Jahr.

Knotenschule

1 Lerchenkopf

Mit dem Lerchenkopf kann man ein Seil an einem Stab befestigen.
Er eignet sich auch für einen kurzen Schal.

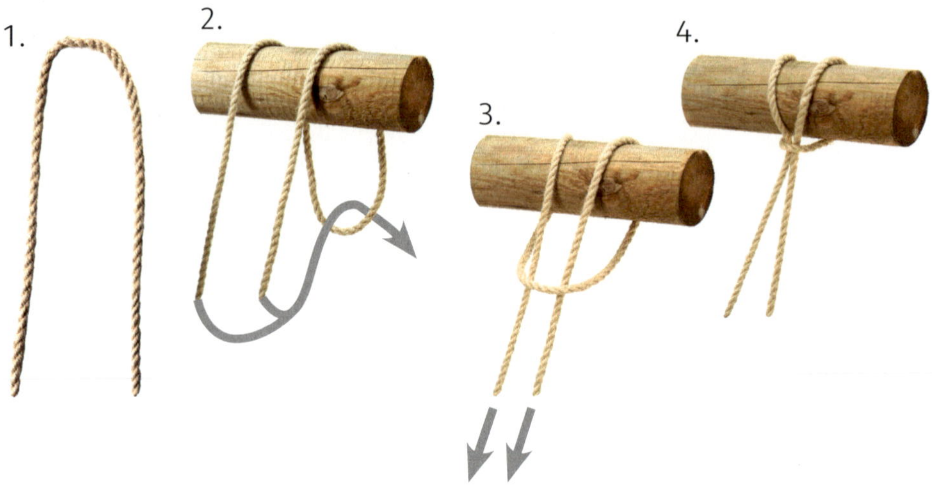

2 Doppelter Lerchenkopf

Dieser Knoten klemmt sich beim Ziehen fest.

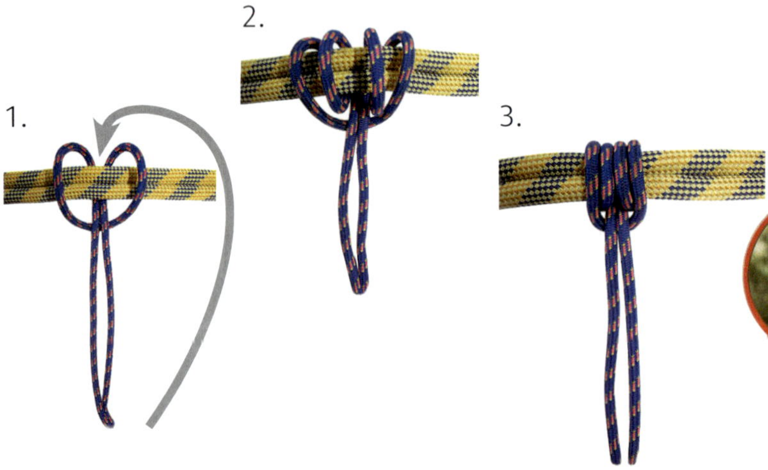

3 Verdrehter Lerchenkopf

Mit diesem Knoten kann man einen langen Schal umbinden.

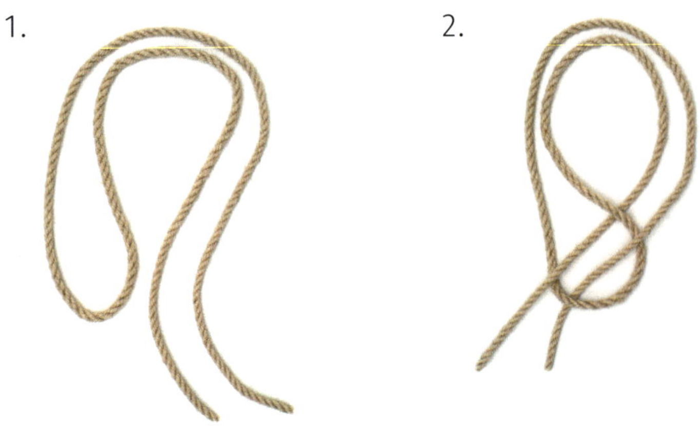

■ Knoten mit Schnüren (Seilen) wiederholt knüpfen lassen.

1 Baue einen Quader und lege ihn auf das Gitter.
Kippe ihn nach **r**echts, nach **l**inks, nach **v**orne und nach **h**inten.

2 Lege den Quader flach auf das Gitter, kippe ihn nach Plan.

a) r, r, v

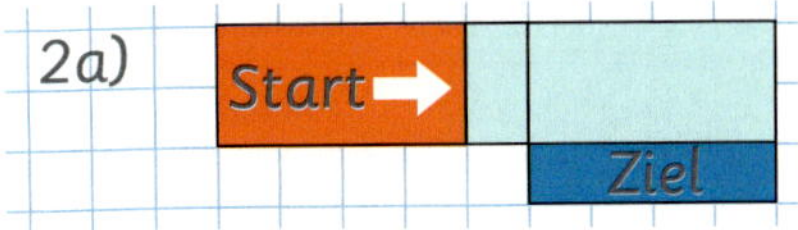

b) v, r, r
c) r, v, r
d) l, h, r
e) h, l, r

3 Kippe nach und beschreibe den Weg.

a) 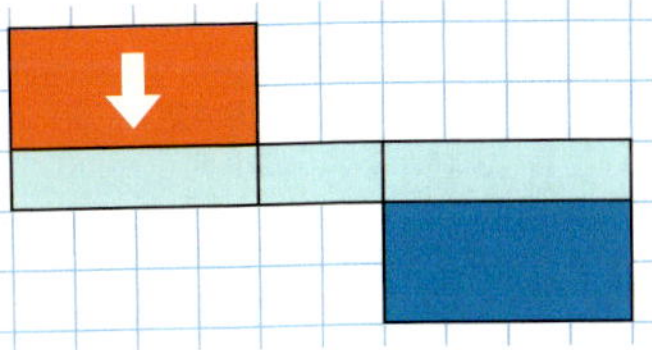

b) 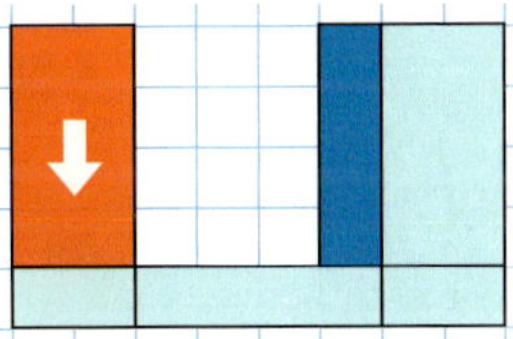

c) 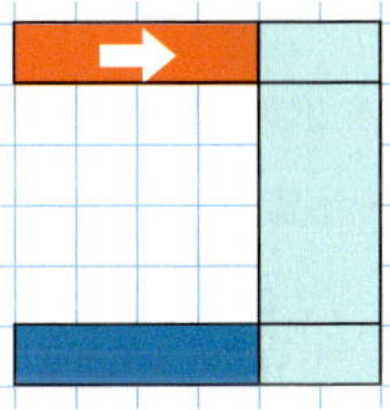

d) 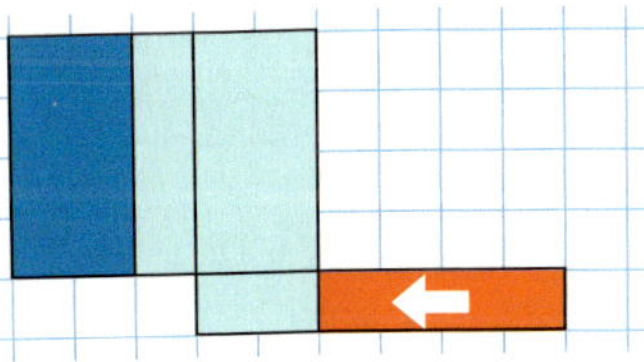

e) 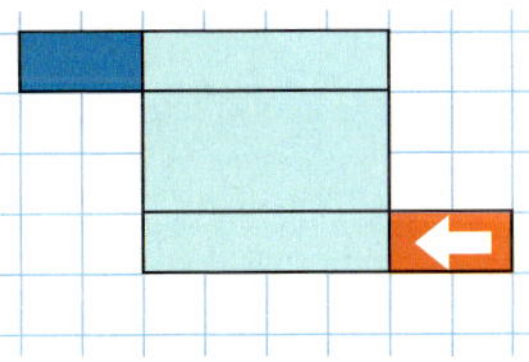

f) 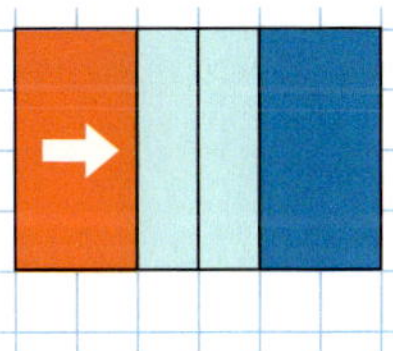

4 Überlege im Kopf: Lege den Quader flach auf den Tisch. Kippe ihn und beschreibe deinem Partner, wie du ihn kippst. Dein Partner hört mit geschlossenen Augen zu und sagt am Ende, ob der Quader „flach“, „auf der Seite“ oder „hochkant“ steht.

5 Wie kommst du zum Ziel? Beschreibe deinen Weg.

a) 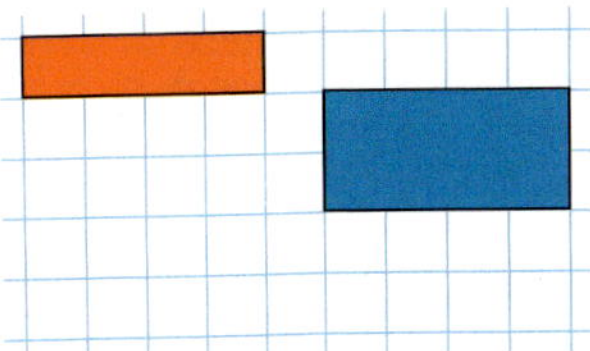

b) 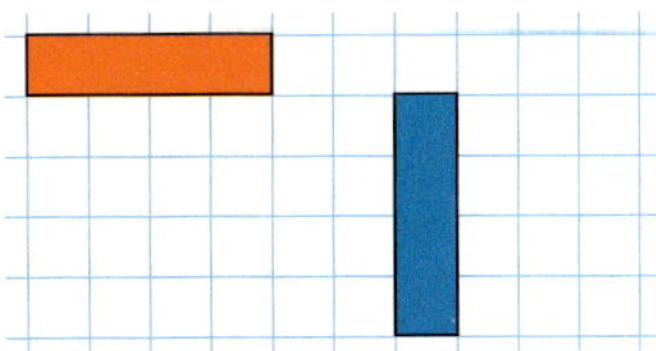

c) 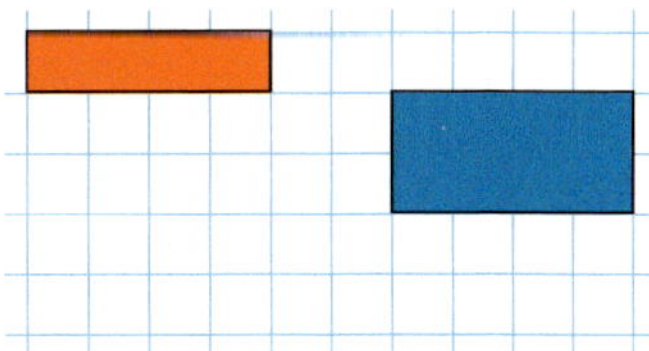

d) 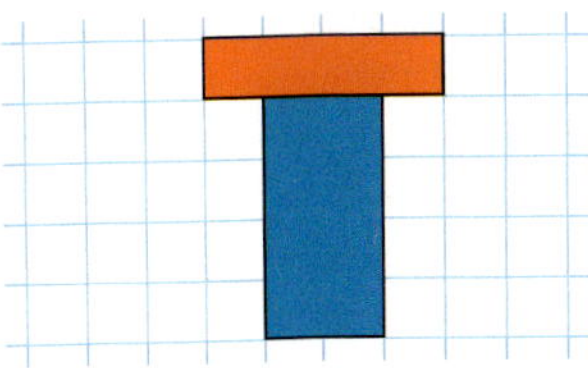

e) 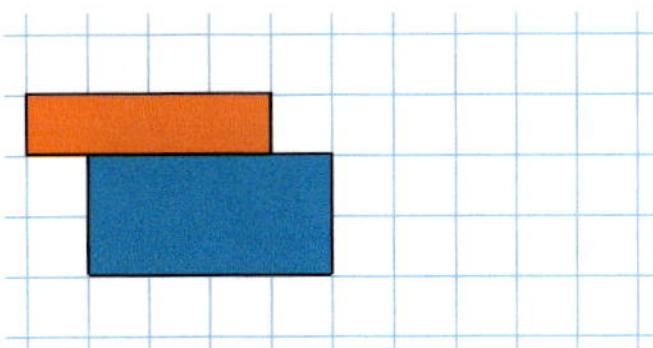

f) 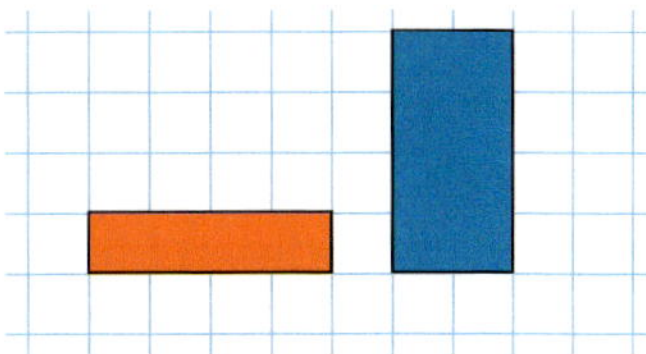

6 Erfinde eigene Wege. Zeichne Start und Ziel, beschreibe die Wege.

■ Quader bauen, Wege auf Gitter nachkippen (Kopiervorlage) und beschreiben. **4** Aufgaben zur Kopfgeometrie regelmäßig im Unterricht durchführen. **5, 6** Eigene Wege beschreiben, erfinden.

1 Erkläre die Zahlen und Zeichen des Abfahrtsplanes.

2 Mit welchen Zügen könntest du von Freiburg nach Offenburg fahren?

3 Wann fährt ein ICE nach Hamburg ab?
a) Auf welchem Gleis fährt er ab?
b) Wie lange fährt er bis Hannover?
c) An welchen Bahnhöfen hält er?
d) Fährt der Zug auch sonntags?

4 Christoph bringt seine Oma zum Zug. Sie möchte nach Mannheim fahren.
a) Sie kommen um 9.35 Uhr auf den Bahnsteig.
Wie lange müssen Sie warten?
b) Wie lange fährt die Oma nach Mannheim?
c) Ein junger Mann verpasst diesen Zug.
Wann fährt der nächste Zug nach Mannheim?
Wie lange fährt er?

5 Berechne die Fahrzeiten von Freiburg nach Offenburg mit dem RE um 9.03 Uhr und dem ICE um 9.57 Uhr.

6 Erfinde selbst Aufgaben.

7

Ankunft *Arrival* DB **Freiburg Hbf**			
18:59	**ICE** 279	Berlin Hbf 12:33 – Braunschweig 13:57 – Frankfurt/M. – Mannheim – Karlsruhe – Offenburg	3

Elena möchte ihre Freundin am Bahnhof abholen. Sie rechnet für den Weg 25 min. Wann etwa muss sie losgehen?

8 Suche Zugverbindungen im Internet.

9 Verwandle in Minuten.
1 h 10 min, 2 h 10 min, 1 h 45 min,
1 h 35 min, 2 h 20 min, 3 h 40 min

Abfahrt *Departure* DB Freiburg Hbf

Zeit *Time*	Zug *Train*	Richtung *Destination*	Gleis *Track*
		9:00	
9:01	ICE 271 🍴	Basel Bad Bf 9:36 – Basel SBB 9:47 – **Zürich HB 11:00 ⊙**	3
9:03	**RE** 5330 **RE** 26500	Denzlingen 9:08 ⊙ Emmendingen 9:15 – Riegel 9:21 – Kenzingen 9:25 – Herbolzheim 9:28 – Orschweier 9:34 – Lahr 9:39 – **Offenburg 9:53** † als RE 26500	2
9:08	**BSB** 88416 2. Kl	Gundelfingen 9:15 – Denzlingen 9:18 – Waldkirch 9:26 – **Elzach 9:46**	1
9:10	**RB** 2693	Kirchzarten 9:23 – Hinterzarten 9:43 – Titisee 9:48 – Feldbg.-Bärental 9:57 – Schluchsee 10:11 – **Seebrugg 10:16**	7
9:15	**RE** 26509	Bad Krozingen 9:24 – Heitersheim 9:29 – Müllheim 9:34 – Bad Bellingen 9:44 – Weil/Rh. 10:05 – **Basel Bad Bf 10:11**	4
9:24	**BSB** 88358 2. Kl	FR-Klinikum 9:26 – FR-Messe/Uni 9:27 – FR-West 9:30 – Hugstetten 9:33 – Gottenheim 9:37 – Wasenweiler 9:42 – Ihringen 9:45 – **Breisach 9:50 ⊙**	5
9:40	**RB** 26991	Kirchzarten 9:53 – Hinterzarten 10:13 – Titisee 10:18 – **Neustadt (Schw.) 10:25**	7
9:40 ⚒	**BSB** 88458 2. Kl	Gundelfingen 9:47 – Denzlingen 9:50 – **Waldkirch 10:01**	1
9:45	**RB** 26563	Schallstadt 9:54 – Bad Krotzingen 10:00 – Heitersheim 10:05 – Müllheim (Baden) 10:13 – **Neuenburg (Baden) 10:19** 2. Jul bis 3. Aug nur bis Müllheim (Baden)	4
9:49	ICE 76 🍴	Baden-Baden 10:23 – Karlsruhe 10:49 – Mannheim 11:14 – Frankfurt/M. 11:53 – Kassel-Wilhelmshöhe 13:20 – Göttingen 13:41 – Hannover 14:17 – Hamburg Hbf 15:35 – **⊙ Kiel 16:44** 1. Sep bis 25. Nov bis **Hamburg-Altona 16:06**, Ankunft in Hamburg Hbf 15:52 1., 8., 15. Jul Ankunft in Frankfurt/M. 12:06, Kassel-Wilhelmshöhe 13:32, Göttingen 13:52, Hannover 14:26, Hamburg Hbf 15:45, Kiel 16:51	1
9:55 ⚒	**BSB** 88360 2. Kl	Hugstetten 10:02 – Gottenheim 10:06 – Wasenweiler 10:12 – Ihringen 10:15 – **Breisach 10:20 ⊙**	5
9:57	ICE 600 ICE 1008 🍸	Offenburg 10:28 – Karlsruhe 10:58 – Mannheim 11:23 – Frankfurt ✈ 12:06 – Siegburg/Bonn 12:47 – **Köln 13:05 ⊙** Sa weiter nach Wuppertal 13:41 – **Dortmund 14:21** Fr als **ICE** 1008 weiter nach Düsseldorf 13:37 – Duisburg 13:53 – **Essen 14:06**	1

Zeichenerklärung

Züge im Fernverkehr
ICE **InterCityExpress**
IC **InterCity**
CNL **CityNightLine**

Züge im Regional- und Nahverkehr
RB **Regionalbahn**
RE **RegionalExpress**
ERB **EuroBahn**
BSB **Breisgau S-Bahn**

Symbole
✈ Zug hält am Flughafen/Airport
2. Kl. nur 2. Klasse
🍴 Bordrestaurant
🍸 Bordbistro

🚲 Zug mit Fahrradwagen/Mehrzweckabteil
🚲 Zug mit Fahrradabteil; Reservierung notwendig
Mo Montag
Di Dienstag
Mi Mittwoch
Do Donnerstag
Fr Freitag
Sa Samstag
So Sonntag Züge verkehren auch, wenn der betreffende Wochentag auf einen Feiertag fällt.
⚒ an Werktagen
† an Sonntagen und allgemeinen Feiertagen.

■ **1–8** Sachaufgaben an Fahrplänen lösen und selbst erstellen. Weitere Informationen am Bahnhof oder im Internet unter http://www.bahn.de.

Freie Fahrt für Kinder
Kinder bis einschließlich 14 Jahren reisen in Begleitung ihrer Eltern oder Großeltern kostenlos.

Mitfahrer-Rabatt
Der erste Erwachsene zahlt den vollen Preis. Jeder weitere Mitfahrer (bis 4 Personen) zahlt nur die Hälfte.

1 Marie, Felix und ihre Eltern wollen mit dem Zug von Stuttgart nach Dortmund fahren.
Am Bahnhof bekommen sie diese Informationen:

VON	*Stuttgart Hbf*
NACH	*Dortmund Hbf*
REISEDAUER	*3 Stunden 30 Minuten*

Bahnhof/Haltestelle	Zeit	Umst.	Produkte
Stuttgart Hbf	ab 13:51	0	ICE
Dortmund Hbf	an 17:21		

fährt täglich; Normalpreis: 112,00/181,00 Euro (2./1. Klasse)

Marie ist 9, Felix ist 11 Jahre alt.

a) Berechne den Fahrpreis 2. Klasse (Hinfahrt) für die Familie.

b) Berechne den Fahrpreis 2. Klasse für Hin- und Rückfahrt für die Familie.

2 Reisen in Deutschland – Normalpreis für eine einfache Fahrt, 2. Klasse

München – Hannover	119,00 €	Stuttgart – Dortmund	112,00 €
Bonn – Stuttgart	65,00 €	Berlin – Hamburg	70,00 €
Bonn – Hamburg	82,00 €	Frankfurt – Bremen	97,00 €
Leipzig – Frankfurt	72,00 €	Hamburg – Dresden	92,00 €

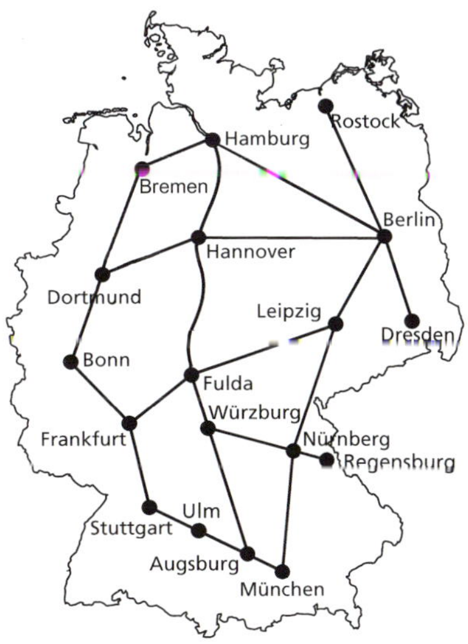

a) Hin- und Rückfahrt kosten das Doppelte.

2a) Fahrpreis	Hin und Rückfahrt
119 €	238 €

b) Mitfahrer zahlen die Hälfte.

2b) 2. Klasse	Halber Preis
119 €	59,50 €

c) Wie kann man mit der Bahn von München nach Hamburg fahren? Zeige die Wege auf dem Netzplan und beschreibe sie.

3 Berechne mit den Normalpreisen von **2** die Mitfahrerpreise für 2 bis 5 Personen (P).
Erkläre zuerst die Beispiele.

a)

Fahrpreis	2 P
119 €	178,50 €

b)

Fahrpreis	3 P
119 €	238 €

c)

Fahrpreis	4 P
119 €	297,50 €

■ Fahrkarteninformationen und Netzplan besprechen. Evtl. im Internet aktuelle Preise abrufen.

Das größte Säugetier an Land
Der afrikanische Dickhäuter wiegt 4 bis 6 t. Allein seine Haut ist fast 1 t schwer. Der große Zehnagel eines ausgewachsenen Elefanten ist größer als eine Menschenhand. Seine Ohren wiegen etwa 80 kg. Elefantenbullen werden bis zu 4 m hoch und 6 m lang. In der Freiheit werden sie etwa 60 Jahre alt.

Der Chef ist eine Frau
Elefantenweibchen und ihre Jungen leben in Familiengruppen zusammen. Die Führung der Herde übernimmt das größte Weibchen, die so genannte Leitkuh. Erwachsene Elefantenbullen sind Einzelgänger.

Wege und Geschwindigkeiten
Elefanten gehen wie Kamele im „Passgang": 4 bis 6 km in der Stunde. Sie können auch leicht doppelt so schnell laufen. Sie erreichen sogar manchmal Geschwindigkeiten von bis zu 35 km in der Stunde. Um den hohen Nahrungsbedarf zu decken, müssen sie täglich 15 bis 20 km zurücklegen.

Nahrung: Gras, Laub und Wasser
Elefanten brauchen täglich bis zu 150 kg Pflanzennahrung, wie Gras, Laub, Äste. Um ihren großen Hunger zu stillen, müssen die Elefanten täglich 17 bis 19 Stunden fressen. Die Elefanten sind schlechte Nahrungsverwerter. Täglich verlassen 75 kg Kot den Körper in 15 Sitzungen. Ein Kotballen wiegt 2 kg. Jeden Tag trinkt ein Elefant etwa 80 l Wasser. Er saugt es erst in den Rüssel und spritzt es dann in den Mund. Ein „Rüsselvoll" Wasser sind ungefähr 16 l.

Elefantenbabys
Neugeborene Elefantenbabys wiegen etwa 100 kg und sind etwa 1 m groß. Sie trinken pro Tag 10 l Muttermilch, übrigens nicht mit dem Rüssel, sondern mit dem Maul. Das „Rüsseltrinken" müssen sie noch lernen.

Elefantenmütter
Elefanten wachsen langsam. Erst nach 10 Jahren bekommt eine Elefantenkuh ihr erstes Baby. Die Tragzeit beträgt 20 bis 22 Monate, also fast 2 Jahre. Solange sich die Mutter um ihr Baby kümmert, bekommt sie kein neues Junges. So liegen zwischen zwei Geburten einer Elefantenmutter immer 4 bis 5 Jahre.

1 a) Wie viele Autos sind so schwer wie ein Elefant?
b) Wie viele Kinder sind so schwer wie ein Elefant?

2 Wie viele Menschenbabys (etwa 3,5 kg) wiegen so viel wie ein Elefantenbaby?

3 Wie viele Babys kann eine Elefantenmutter (bis 40 Jahre) bekommen?

4 a) Wie viel Zeit bleibt dem Elefanten zum Schlafen?
b) Wie viel „Rüsselvoll" Wasser trinkt der Elefant täglich?

5 Vergleiche die Geschwindigkeit eines Fußgängers (4 km in der Stunde) und eines Radfahrers (20 km in der Stunde) mit der eines Elefanten.

Zuerst Sachtexte lesen und besprechen, dabei eigene Fragen stellen. Größen und Daten auf eigenen Wegen veranschaulichen. Im Anschluss **1 – 5** lösen.

Nashörner
Nach dem Elefanten sind Nashörner die zweitgrößten Säugetiere an Land. Ihre größte Bedrohung ist das Horn, das in Asien als Medizin angesehen wird und besser bezahlt wird als Gold. In Asien haben 2 900 Nashörner, in Afrika 2 700 Spitzmaulnashörner und 10 400 Breitmaulnashörner überlebt.
Ein Spitzmaulnashorn wird 3 t, ein Breitmaulnashorn bis zu 3,5 t schwer.

Elefanten
Im Jahre 1970 gab es weltweit etwa 2 Millionen Elefanten. In Asien haben 40 000 Elefanten in der Wildnis und 16 000 Arbeitselefanten in Gefangenschaft überlebt. Dies entspricht etwa einem Zehntel ihrer afrikanischen Verwandten. Z. Zt. sind die Zahlen in Asien und im mittleren Afrika rückläufig, im südlichen Afrika wachsen sie jedoch an.

Elfenbeinschmuggel
Der Preis von geschmuggeltem Elfenbein hat sich von 700 Euro im Jahr 2004 auf etwa 7 000 Euro im Jahr 2010 verzehnfacht.
Tierschutzorganisationen schätzen, dass jährlich etwa 40 000 Elefanten von Wilderern getötet werden. Ein Elefant bringt etwa 7 kg Elfenbein.

Wale
Bedroht durch Fang ist auch das größte Säugetier, das je gelebt hat, der Blauwal. Er wird bis zu 30 m lang und 140 t schwer. Allein seine Zunge wird 3 m dick und so schwer wie ein Elefant! Als Nahrung filtert er täglich 4 t Krill (streichholzlange Krebse) aus dem Wasser. Eine 50 cm starke Fettschicht (Blubber) hilft dem Säugetier, die Körpertemperatur von 36 Grad im kalten Wasser zu halten. Die Schwanzflosse ist bis zu 5 m breit. Allein sein Herz wiegt 600 kg.

Tiger
Vor hundert Jahren lebten noch gut 100 000 Tiger in Asien von Indien über Indonesien bis nach Sibirien. Heute sind es nur noch 5 000 bis 7 000 Tiere. Sie aufzuspüren und zu zählen ist reine Detektivarbeit. Prankenabdrücke breiter als 10,5 cm gehören zu einem Männchen, Abdrücke zwischen 8,5 cm und 10,5 cm in der Regel zu einem Weibchen. Das Männchen des sibirischen Amur-Tigers wird bis 300 kg schwer und bis zu 3 m hoch, wenn er sich auf seine Hinterpranken stellt.

1 Wie viele Elefanten insgesamt leben derzeit in Afrika und Asien?

2 Wie viele Nashörner werden weltweit geschätzt?

3 Vergleiche Gewicht und Größe eines Tigers mit einem erwachsenen Menschen.

4 Wie viele Elefanten sind so schwer wie ein Blauwal? Vergleiche auch die Nahrungsmengen.

5 Kennst du weitere bedrohte Säugetiere? Versuche, Zahlen über sie im Internet zu finden.

Zuerst Sachtexte lesen und besprechen, dabei eigene Fragen stellen. Größen und Daten auf eigenen Wegen veranschaulichen. Im Anschluss **1 – 5** lösen. Informationen im Internet, beispielsweise unter http://www.wwf.de

Große Würfel – kleine Würfel

1 Baut gemeinsam in der Klasse aus Bambusstäben einen Würfel von 1 m Seitenlänge. Überprüft: Die Bodenfläche ist so groß, wie ein Meterquadrat.

2 a) Baut in Partnerarbeit aus Tonpapier einen Würfel von 10 cm Seitenlänge.

b) Probiert es aus:
In diesen Würfel passt genau 1 l Sand.
Er heißt deshalb Literwürfel.

c) Wie viele Literwürfel passen auf den Boden eines Meterwürfels?

d) Wie viele Literwürfel passen in einen Meterwürfel?

! **1 Hektoliter = 100 Liter**
1 hl = 100 l

3 Überlege:
a) Wie viele Liter passen in einen Meterwürfel?

b) Wie viele Hektoliter passen in einen Meterwürfel?

Körperinhalte handelnd vergleichen. Einen großen Würfel von 1 m Seitenlänge mit Dezimeterwürfeln ausmessen.

Durchschnittlicher Wasserverbrauch pro Person am Tag:

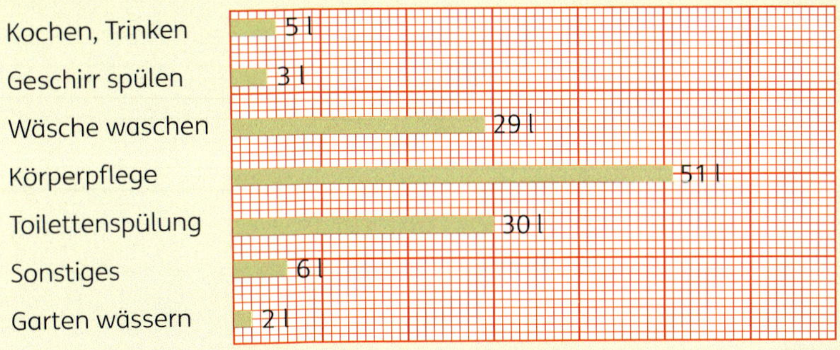

1 000 l Wasser kosten ungefähr 3 Euro.

1 Vollbad	160 l
1 Duschbad	80 l

1 Waschgang:

Normalprogramm	ca. 50 l
Sparprogramm	ca. 40 l

1 Überschlage, wie viele Liter Wasser eine Person
a) täglich,
b) wöchentlich,
c) jährlich verbraucht.

2 Wie viele Liter verbraucht eine Familie mit 4 Personen durchschnittlich
a) an einem Tag,
b) in einer Woche,
c) in einem Jahr?

3 a) Wie viel Euro kosten 10 l Wasser?
b) Wie viel Euro muss eine Familie mit 4 Personen in einem Jahr ungefähr bezahlen?

4 Ein tropfender Wasserhahn verschwendet am Tag ungefähr 20 l.
a) Wie viel Liter sind das in einem Jahr?
b) Wie viel Euro kostet das in einem Jahr?

5 a) Wie viel Euro kostet das Wasser für ein Vollbad, wie viel für ein Duschbad?
b) Wie viel Geld sparst du, wenn du 10 Vollbäder durch 10 Duschbäder ersetzt?

6 Eine Familie wäscht 4 Maschinen Wäsche in einer Woche.
Wie viel Euro kostet das Wasser für einen Waschgang
a) im Normalprogramm,
b) im Sparprogramm?
c) Wie viel Euro Wasserkosten spart diese Familie im Jahr, wenn sie immer nur mit dem Sparprogramm wäscht?

7 Eine Familie spart Wasser.
a) Erstelle ein Diagramm wie in **1**.
b) Wie viel Liter Wasser verbraucht eine Person an einem Tag, in einer Woche und in 1 Jahr?
c) Vergleiche mit dem Durchschnittsverbrauch aus **1**.

Wasserverbrauch pro Person an einem Tag:			
Kochen, Trinken:	4 l	Geschirr spülen:	3 l
Wäsche waschen:	14 l	Körperpflege:	33 l
Toilettenspülung:	25 l	Sonstiges	5 l
Garten wässern: 0 l (Regenwasser verwenden)			

8 Für die Herstellung von 1 kg Papier aus Holzstoff werden 60 l Wasser benötigt, für 1 kg Papier aus Altpapier nur 5 l.

Zehn DIN-A5-Hefte wiegen 480 g. Überschlage, wie viel Liter Wasser bei jedem Heft gespart werden können.

■ Sachstrukturierte Übung zum Rauminhalt. Evtl. örtlichen Wasserpreis erfragen.

Bald ist Weihnachten

In den ersten 20 Jahren wächst eine Tanne durchschnittlich 13 cm pro Jahr,
eine Fichte 31 cm pro Jahr.
In den nächsten 20 Jahren wächst eine Tanne durchschnittlich 54 cm pro Jahr,
eine Fichte 48 cm pro Jahr.

1 Fragen und Schätzen

a) Wie viele Lichter hat der Weihnachtsbaum?

b) Wie hoch ist der Baum?

c) Wie viele Jahre brauchte er, um so hoch zu werden?

2 Fragen und Schätzen

Auf dem Weihnachtsmarkt kann man unterschiedlich große Bäume kaufen.
Wie alt sind die Bäume ungefähr?

a) 2 m große Tanne/ 2 m große Fichte

b) 3 m große Tanne/ 3 m große Fichte

3 Bastle ein Legespiel als Geschenk.

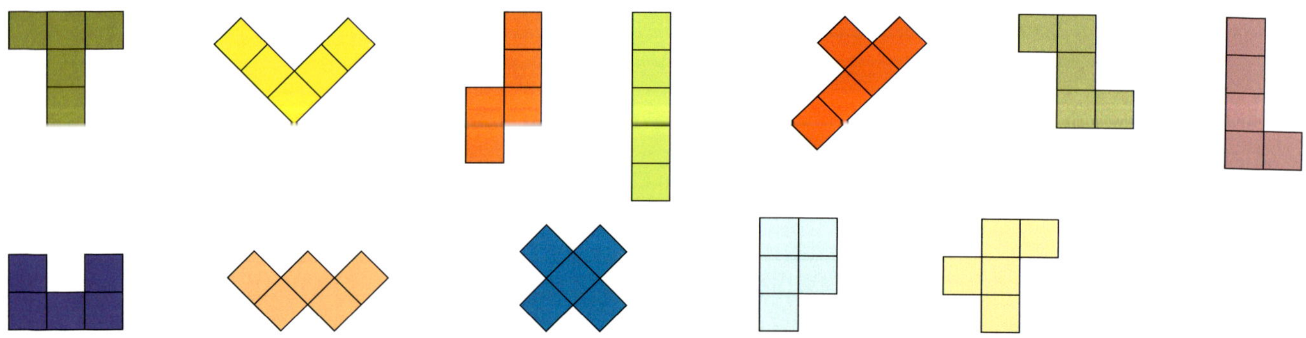

1. Zeichne die 12 Fünflinge auf Karopapier (Kantenlänge eines Quadrats 1,5 cm).
2. Pause die Fünflinge auf starke Pappe oder Sperrholz.
3. Schneide (oder säge) sie sauber aus.
4. Schneide als Spielplan ein Rechteck 9 cm x 15 cm.

Spielregel:
Lege mit den Formen das Rechteck aus.
Schaffst du es ganz?

Ein Spielplan aus Papier kann gefaltet in die Schachtel (S. 131) gelegt werden.

Du brauchst 2 Quadrate buntes Papier mit mehr als 20 cm Seitenlänge.
Schneide von einem Quadrat 1 cm auf allen Seiten ab.

4 Falte eine Schachtel für das Legespiel.

1. Falte zunächst ein diagonales Gitter in das größere Quadrat. Falte:
a) Symmetrieachsen, b) Ecke auf Mitte, c) Kante auf Mitte. d) Klappe auf und wiederhole b) und c) an den anderen Ecken. Öffne.

2. Falte zwei gegenüberliegende Quadratecken in den Mittelpunkt und klebe sie fest.
Das blau gerahmte Quadrat wird der Deckel.

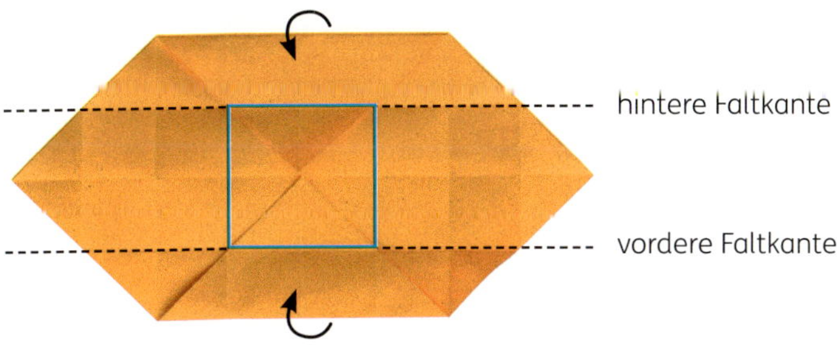

3. Richte die Seiten an der vorderen und hinteren Faltkante auf.

4. Richte eine Quadratecke auf, knicke dabei die blauen Kanten nach innen.

5. Schlage die Ecken nach innen und klebe sie fest.

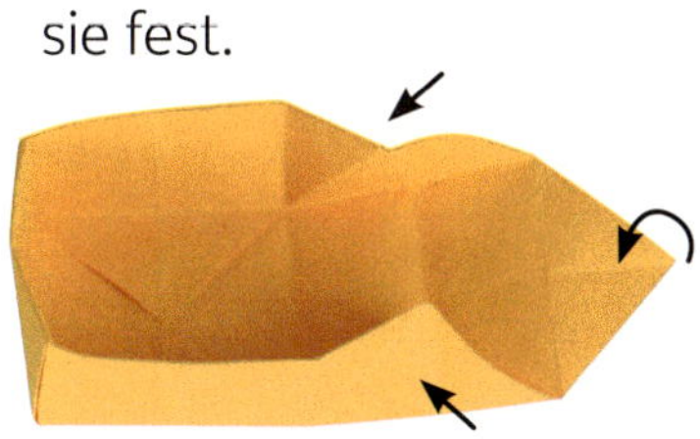

Wiederhole 4. und 5. mit der anderen Ecke.

6. Falte das zweite Quadrat genauso. Das größere Quadrat ergibt den Deckel, das kleinere den Boden.

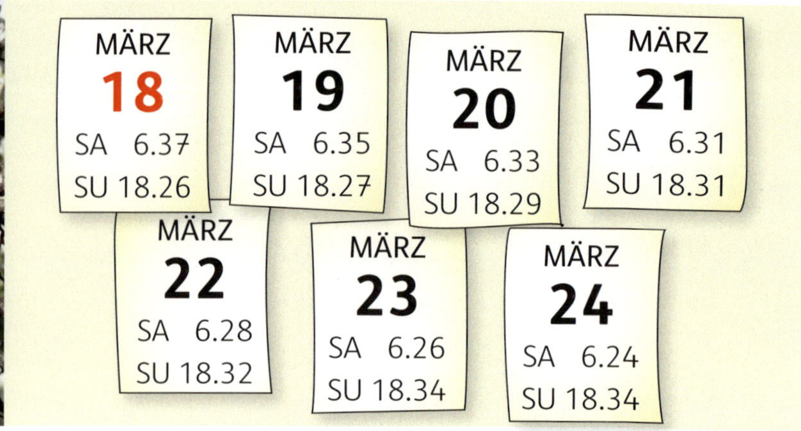

1 An welchem Tag ist der früheste
a) Sonnenaufgang (SA)?
b) Sonnenuntergang (SU)?
c) Berechne die Tageslänge in Stunden und Minuten.

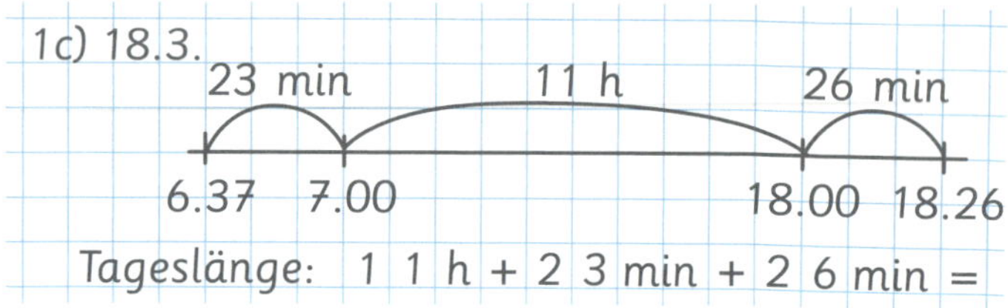

2 Ostern wird jedes Jahr am Sonntag nach dem ersten Frühlingsvollmond gefeiert. Sieh im Kalender nach: Wann ist in diesem Jahr Frühlingsanfang, wann Ostern? Wie viele Tage dauern die Osterferien?

3 In Basel beginnt die Apfelblüte ungefähr am 15.4., in Karlsruhe am 23.4., in Würzburg am 27.4., in München am 3.5., in Hannover am 5.5., in Hamburg am 15.5., in Flensburg am 23.5.
Wie viele Wochen beginnt die Apfelblüte in Flensburg später als in München?

4

Kohlmeise
etwa 14 Tage

Sperling
etwa 13 Tage

Buntspecht
etwa 13 Tage

Elster
etwa 18 Tage

Mäusebussard
etwa 34 Tage

Vögel brüten unterschiedlich lange.
Die Försterin beobachtete, dass die Kohlmeise am 29.3. zu brüten anfing. Wann schlüpfen die Jungen?

5 Eine Schulklasse hat am 24.3. den Samen gesät.
Wann können die Kinder die ersten Keimlinge sehen?

	Keimdauer
Petersilie	14–21 Tage
Schnittlauch	7–15 Tage
Radieschen	6–10 Tage
Löwenzahn	7–21 Tage
Vergissmeinnicht	5–12 Tage
Sonnenblumen	7–14 Tage

Mit Seite 133 als Doppelseite bearbeiten. **1–5** Berechnen von Zeitspannen, dabei sind die Daten in **3–5** Durchschnittswerte.

Obelisk auf der Halde Hoheward bei Recklinghausen

Schattenspiele.

6 Füllt einen Eimer mit Sand.
Steckt einen Besenstiel lotrecht in den Sand.
Stellt bei Sonnenschein den Eimer mit dem Stab auf den Schulhof und beobachtet den Schatten.
Was fällt euch auf?

a) Markiert 20 Minuten lang alle 2 Minuten mit Kreide die Schattenspitze des Stabes.

b) Markiert an einem Schultag alle 15 Minuten die Schattenspitze des Stabes.

Je höher die Sonne steht, desto kürzer ist der Schatten.

7 In welche Himmelsrichtung zeigt der Schatten, wenn die Sonne am höchsten steht?

8 a) Geht auf den Schulhof und beobachtet eure Schatten. Wo steht die Sonne?
b) Stellt euch in einen Kreis. Wohin zeigen eure Schatten?
c) Stellt euch so in einer Reihe auf, dass Schatten an Schatten grenzt.

9 a) Versucht mit einem Schirm einen möglichst großen Schatten herzustellen.
b) Schneidet aus Karton einen großen Kreis, ein großes Dreieck und ein großes Quadrat. Bewegt die Formen und beobachtet die Schatten.

10 a) Messt euren Schatten morgens und mittags.
b) Vergleicht die Schattenlängen mit eurer Körpergröße.
c) Wie kannst du auch ohne fremde Hilfe die Länge des eigenen Schattens messen? Erkläre.

11 Gehe abends um eine Straßenlaterne herum und beobachte deinen Schatten.

■ Mit Seite 132 als Doppelseite bearbeiten. **6–7** Schattenspiele, Bestimmung der Südrichtung. **8–11** Operative Übungen zum Schattenwurf.

Kassiererin Maren B.
„Mein Kassencomputer berechnet die Kaufsumme und das Rückgeld. Beim Herausgeben muss ich aber genau aufpassen, damit mir abends in der Kasse kein Geld fehlt."

Heizungsingenieur Hans M.
„Meinem letzten Kunden konnte ich ausrechnen, dass die Anschaffungskosten von 4 000 Euro für eine neue Heizung in 10 Jahren durch geringeren Energieverbrauch wieder hereingeholt sind."

Rentnerin Ulla S.
„Damit ich mit meiner kleinen Rente besser auskomme, führe ich ein Haushaltsbuch. Dann weiß ich immer genau, wo mein Geld bleibt."

Tierpfleger Gerd K.
„Alle Tiere im Zoo müssen regelmäßig gewogen und gemessen werden. Auch die Futtermengen müssen sorgfältig abgewogen werden."

Glaser Christian T.
„Bevor ich eine neue Scheibe einsetze, muss ich genau messen. Wenn ich falsch messe, ist die Scheibe nicht brauchbar und ich muss die Kosten tragen."

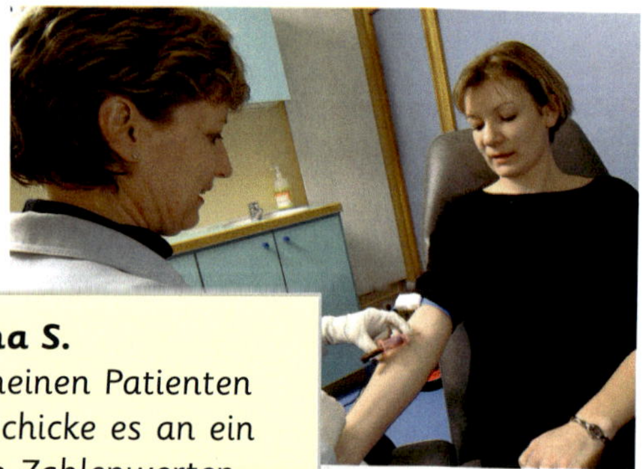

Ärztin Regina S.
„Ich nehme meinen Patienten Blut ab und schicke es an ein Labor. An den Zahlenwerten, die ich vom Labor erhalte, kann ich Krankheiten ablesen."

Verbraucherberater Axel W.
„In vielen Haushalten ist der Fernseher immer ‚standby' geschaltet. Wenn ich den Leuten erkläre, dass dies jedes Jahr 40 Euro kostet, denken viele um."

Verkehrspolizistin Anke D.
„Bei einem Verkehrsunfall muss ich die Bremswege, die Uhrzeit, den Ort usw. genau notieren, damit die Versicherungen oder das Gericht ermitteln können, wer Schuld hat."

1 Wann braucht ihr Mathematik im Alltag?

2 Fragt Erwachsene, wozu sie Mathematik brauchen.

■ An Beispielen den praktischen Nutzen der Mathematik aufzeigen.

Wenn ich euch dieses nebensächliche Drum und Dran über den Planeten B 612 erzähle und euch sogar seine Nummer anvertraue, so geschieht das der großen Leute wegen. Die großen Leute haben eine Vorliebe für Zahlen. Wenn ihr ihnen von einem neuen Freund erzählt, befragen sie euch nie über das Wesentliche. Sie fragen auch nie: Wie ist der Klang seiner Stimme? Welche Spiele liebt er am meisten? Sammelt er Schmetterlinge? Sie fragen euch: Wie alt ist er? Wie viele Brüder hat er? Wie viel wiegt er? Wie viel verdient sein Vater? Dann erst glauben sie, ihn zu kennen.
Wenn ihr zu den großen Leuten sagt: Ich habe ein sehr schönes Haus mit roten Ziegeln gesehen, mit Geranien vor den Fenstern und Tauben auf dem Dach ... dann sind sie nicht imstande, sich dieses Haus vorzustellen. Man muss ihnen sagen: Ich habe ein Haus gesehen, das hunderttausend Franken wert ist.
Dann schreien sie gleich. Ach, wie schön!
So auch, wenn ihr ihnen sagt: Der Beweis dafür, dass es den kleinen Prinzen wirklich gegeben hat, besteht darin, dass er entzückend war, dass er lachte und dass er ein Schaf haben wollte; denn wenn man sich ein Schaf wünscht, ist es doch ein Beweis dafür, dass man lebt – denn dann werden sie die Achseln zucken und euch als Kinder behandeln. Aber wenn ihr ihnen sagt: Der Planet, von dem er kam, ist der Planet B 612, dann werden sie überzeugt sein und euch mit ihren Fragen in Ruhe lassen. So sind sie.
Man darf ihnen das nicht übel nehmen.
Kinder müssen mit großen Leuten viel Nachsicht haben.

„Guten Tag“, sagte der kleine Prinz.
„Guten Tag“, sagte der Händler.
Er handelte mit höchst wirksamen durststillenden Pillen.
Man schluckt jede Woche eine und spürt überhaupt kein Bedürfnis mehr zu trinken.
„Warum verkaufst Du das?“, sagte der kleine Prinz.
„Das ist eine große Zeitersparnis“, sagte der Händler.
„Die Sachverständigen haben Berechnungen angestellt. Man erspart dreiundfünfzig Minuten in der Woche.“
„Und was macht man mit diesen dreiundfünfzig Minuten?“
„Man macht damit, was man will ...“
„Wenn ich dreiundfünfzig Minuten übrig hätte“, sagte der kleine Prinz, „würde ich ganz gemächlich zu einem Brunnen laufen ...“

1 Was kann man mit Zahlen beschreiben, was nicht?
Was kann man messen, was nicht? Was kann man kaufen, was nicht?

■ An Auszügen aus „Der Kleine Prinz“ von Antoine de Saint Exupéry die Grenzen der Mathematik bewusst machen.

Textquellennachweis
12 Mit freundlicher Unterstützung des Niedersächsischen Landesamtes für Verbraucherschutz und Lebensmittelsicherheit (LAVES), Oldenburg; **98** Mit freundlicher Unterstützung der Wartburg Stiftung, Eisenach; **108** Mit freundlicher Genehmigung der DB-Station & Service AG; **135** Auszüge aus Antoine des Saint-Exupéry, Der kleine Prinz (Übersetzung aus dem Französischen von Grete und Josef Leitgeb): Karl Rauch Verlag, 1963

Bildquellennachweis
Cover Klett-Archiv (David Ausserhofer, Wandlitz), Stuttgart; **6.1** Thinkstock (iStockphoto), München; **6.2** Fotolia.com (ArTo), New York; **6.3** Fotolia.com (magooie85), New York; **6.4; 6.6** Fotolia.com (SGV), New York; **6.5** Fotolia.com (ExQuisine), New York; **6.7** Fotolia.com (HelleM), New York; **6.8** Fotolia.com (Andrei Nekrassov), New York; **7.1** iStockphoto (traveler1116), Calgary, Alberta; **7.2** Thinkstock (iStockphoto), München; **7.3** Thinkstock (Hemera), München; **9.1** Fotolia.com (XtravaganT), New York; **12.1** Seehundstation Nationalpark-Haus, Norden, Norden-Norddeich; **12.2** Fotolia.com (peppi18), New York; **19.1** Klett-Archiv (David Ausserhofer, Wandlitz), Stuttgart; **23.1** Deutsches Museum, München; **25.1** Masterfile Deutschland GmbH, Düsseldorf; **26.1** Fotolia.com (Rynio Productions), New York; **26.2** shutterstock (Ruslan Semichev), New York, NY; **26.3** iStockphoto (EddWestmacott), Calgary, Alberta; **26.4** Fotolia.com (Falk), New York; **26.5** Fotolia.com (jacky), New York; **26.6; 26.12** Fotolia.com (fefufoto), New York; **26.7** Fotolia.com (Cpro), New York; **26.8** Fotolia.com (OHRAUGE), New York; **26.9** Fotolia.com (MaxWo), New York; **26.10** Fotolia.com (Karin Schnirch), New York; **26.11** Fotolia.com (luckylight), New York; **26.13** Fotolia.com (Cmon), New York; **26.14** Fotolia.com (Michael Möller), New York; **26.15** Fotolia.com (philipus), New York; **27.1** Fotolia.com (Dan Race), New York; **27.2** Fotolia.com (jörn buchheim), New York; **28.1** Fotolia.com (Markus Gössing), New York; **28.2** Fotolia.com (Jens Metschurat), New York; **28.3** Martin Hoppe, Datteln; **29.2** Fotolia.com (Kzenon), New York; **29.3** Fotolia.com (somenski), New York; **29.4** Thinkstock (Hemera), München; **29.5** Thinkstock (Photodisc), München; **29.6** Thinkstock (iStockphoto), München; **29.7** Fotolia.com (David Büttner), New York; **33.2** Corbis (B. Borell, Casals/Frank Lane Picture Agency), Düsseldorf; **36.1; 36.2** Klett-Archiv (David Ausserhofer, Wandlitz), Stuttgart; **36.3** Getty Images, München; **38.1** Klett-Archiv (David Ausserhofer, Wandlitz), Stuttgart; **38.2** shutterstock (sportgraphic), New York, NY; **43.2** Imago, Berlin; **45.1** www.bilderbox.com (Erwin Wodicka), Thening; **45.2** Picture-Alliance, Frankfurt; **46.1** Ullstein Bild GmbH (Laible), Berlin; **50.1** Klett-Archiv (Martin Adam), Stuttgart; **50.2** Klett-Archiv (David Ausserhofer, Wandlitz), Stuttgart; **51.1; 51.2; 51.3; 51.4; 51.5** Klett-Archiv (Anke Geißler, Leipzig), Stuttgart; **51.6** Klett-Archiv (David Ausserhofer, Wandlitz), Stuttgart; **51.7** Mauritius Images (Alamy), Mittenwald; **52.1** Fotolia.com (Michael Ireland), New York; **52.2** Deutscher Fußballbund, Frankfurt am Main; **52.3** Fotolia.com (akiebler), New York; **52.4** Deutscher Leichtathletikverband e.V., Darmstadt; **52.5** Thinkstock (BananaStock), München; **52.6** Deutscher Turner-Bund e.V., Frankfurt; **53.1** Mauritius Images (Alamy), Mittenwald; **53.2** Deutscher Behindertensportverband e.V., Frechen; **54.1** shutterstock (Claudio Divizia), New York, NY; **54.2** shutterstock (ShenTao), New York, NY; **54.3** Klett-Archiv, Stuttgart; **54.4** Stadt Freiburg im Breisgau, Freiburg i. Br.; **54.5** Thinkstock (istockphoto), München; **54.6** Mauritius Images (Achim Keiper), Mittenwald; **54.7** Landratsamt Main-Tauber-Kreis, Pressereferat, Tauberbischofsheim; **54.8** Landratsamt Ostalbkreis - Pressestelle, Aalen; **55.1** Fotolia.com (Fotolyse), New York; **55.2** MINKUSIMAGES, Volker Minkus, Isernhagen; **55.3** iStockphoto (GYI NSEA), Calgary, Alberta; **55.4** Imago, Berlin; **56.1; 56.2; 56.3; 56.5; 56.6; 56.7; 56.9; 56.10; 56.11; 56.12; 56.13; 56.14; 56.15; 56.16; 56.17** Klett-Archiv, Stuttgart; **56.8** Wikimedia Deutschland, Berlin; **60.1** Imago, Berlin; **62.1; 62.2; 62.3; 62.4; 62.5; 62.6; 62.7; 62.8; 62.9; 62.10; 62.11; 62.12; 62.13** Klett-Archiv (David Ausserhofer, Wandlitz), Stuttgart; **63.1** Klett-Archiv (David Ausserhofer, Wandlitz), Stuttgart; **65.2** Getty Images, München; **69.4** Fotolia.com (MAST), New York; **70.2** Fotolia.com (arsdigital), New York; **70.3** Thinkstock (Hermera), München; **71.1** Thinkstock (iStockphoto), München; **71.3** Getty Images, München; **71.4** Getty Images (photodisc), München; **72.5** Klett-Archiv, Stuttgart; **74.1** WFL-GmbH, Rottendorf; **74.2** PantherMedia GmbH (Wim Eradus), München; **75.1** Picture-Alliance (Bildagentur-o), Frankfurt; **75.4** akg-images (Rainer Hackenberg), Berlin; **77.1** Ullstein Bild GmbH (The Granger Collection), Berlin; **81.3** Fotolia.com (Perseomedusa), New York; **81.4** Getty Images (PATRIK STOLLARZ/AFP), München; **82.1** Thinkstock (Stockbyte), München; **82.2** shutterstock (wavebreakmedia ltd), New York, NY; **82.3** Thinkstock (iStockphoto), München; **82.5** Klett-Archiv (Christian Günther, Leipzig), Stuttgart; **83.1** YOUR PHOTO TODAY, Taufkirchen; **83.3; 83.4; 83.5; 83.6; 83.7** Klett-Archiv (Jens Schacht), Stuttgart; **83.4** Gebr. Märklin & Cie. GmbH, Göppingen; **83.9** Fotolia.com (Frank F. Haub), New York; **84.1** Picture-Alliance (Herbert Rudel), Frankfurt; **84.2** PantherMedia GmbH (Jürgen Bauersfeld), München; **87.1** Klett-Archiv (Jens Schacht, Düsseldorf), Stuttgart; **87.2; 87.3; 87.4; 87.5; 87.6; 87.7** Klett-Archiv (David Ausserhofer, Wandlitz), Stuttgart; **90.1** Klett-Archiv (David Ausserhofer), Stuttgart; **90.3** Fotolia.com (Monika Wisniewska), New York; **90.4** Fotolia.com (sebastien montier), New York; **95.2** Geoatlas, Hendaye; **95.3; 95.4** Fotolia.com (moonrun), New York; **98.4; 98.5** Thinkstock (istockphoto), München; **98.4; 98.5; 98.7** Mauritius Images, Mittenwald **100.1** PantherMedia GmbH, München; **101.1** PantherMedia GmbH (Tom Scherber), München; **106.1** Imago, Berlin; **107.1** Mauritius Images (Alamy), Mittenwald; **108.1; 108.2** Deutsche Bahn AG; **109.1** Deutsche Bahn AG (Martin Busbach), Berlin; **110.2** Picture-Alliance (ZB), Frankfurt; **111.1** Werner Otto Reisefotografie - Bildarchiv, Oberhausen; **111.2** Stephan Schurt, Friedenweiler; **114.1; 114.3** Klett-Archiv, Stuttgart; **114.2** Geoatlas, Hendaye; **114.4** Thinkstock (Hemera), München; **116.1** Fotolia.com (contrastwerkstatt), New York; **116.2** Fotolia.com (Sean Gladwell), New York; **116.3** Fotolia.com (JCVStock), New York; **116.4; 116.5; 116.6; 116.7; 116.8** Klett-Archiv (David Ausserhofer, Wandlitz), Stuttgart; **117.22** M.C. Escher's "Symmetry Drawing E67" © 2012 The M.C. Escher Company-Holland. All rights reserved. www.mcescher.com; **119.2** Deutsches Museum, München; **120.1** Fotolia.com (Gerisch), New York; **120.2** Fotolia.com (Ben), New York; **120.3** Fotolia.com (Wolfgang Jargstorff), New York; **121.1** Thinkstock (iStockphoto), München; **121.2** Getty Images, München; **121.3** Fotolia.com (Erika Buresch), New York; **122.1** iStockphoto (kosmosa), Calgary, Alberta; **122.3** Thinkstock (iStockphoto), München; **122.5** laif (Andreas Hub), Köln; **123.1** Picture-Alliance (dpa), Frankfurt; **123.2** Fotolia.com (sandra zuerlein), New York; **123.4** Fotolia.com (kai-creativ), New York; **124.1; 124.11** Klett-Archiv (David Ausserhofer, Wandlitz), Stuttgart; **124.2; 124.3; 124.4; 124.5; 124.12; 124.13** Klett-Archiv (Martin Adam), Stuttgart; **124.6; 124.7; 124.8; 124.9; 124.10** Klett-Archiv (Mark Hoffmann), Stuttgart; **125.1** Klett-Archiv (David Ausserhofer, Wandlitz), Stuttgart; **126.1** Fotolia.com (puje), New York; **126.2** Fotolia.com (Jens Klingebiel), New York; **127.1** Fotolia.com (TOBIEN), New York; **127.2** Klett-Archiv (Susanne Della Giustina), Stuttgart; **127.3** Picture-Alliance (Okapia), Frankfurt; **128.1** Klett-Archiv (Bettina Goebecke, Leipzig), Stuttgart; **128.2** Klett-Archiv (David Ausserhofer, Wandlitz), Stuttgart; **128.3** akg-images (Rainer Hackenberg), Berlin; **130.1** Thinkstock (Top Photo Group), München; **131.1; 131.2; 131.3; 131.4; 131.5; 131.6; 131.7; 131.8; 131.9** Klett-Archiv (David Ausserhofer, Wandlitz), Stuttgart; **132.1** Imago, Berlin; **132.2** Fotolia.com (DirkR), New York; **132.3; 132.4** Fotolia.com (K.-U. Häßler), New York; **132.5** Fotolia.com (Felix Schollmeyer), New York; **132.6** Fotolia.com (Schellig), New York; **133.1** Imago, Berlin; **133.2** Klett-Archiv (Bettina Goebecke, Leipzig), Stuttgart; **134.1** shutterstock (Lisa S.), New York, NY; **134.2** laif (Ulrich Baatz), Köln; **134.3; 134.7** Imago, Berlin; **134.4** Getty Images, München; **134.5** laif (REA), Köln; **134.6** Mauritius Images, Mittenwald; **134.8** shutterstock (Yuri Arcurs), New York, NY; **135.1** Antoine de Saint-Exupéry, Der kleine Prinz © Éditions Gallimard; **16; 17** Euro-Münzen und -Banknoten: Europäische Zentralbank Frankfurt

Sollte es einmal nicht gelungen sein, den korrekten Rechteinhaber ausfindig zu machen, so werden berechtigte Ansprüche selbstverständlich im Rahmen der üblichen Regelungen abgegolten. Die Positionsangabe der Bilder erfolgt je Seite von oben nach unten, von links nach rechts.